Wissenschaftliche Reihe Fahrzeugsystemdesign

Reihe herausgegeben von
R. Mayer, Chemnitz, Deutschland

Weitere Bände in der Reihe http://www.springer.com/series/16392

Bastian Leistner

Fahrwerkentwicklung und produktionstechnische Integration ab der frühen Produktentstehungsphase

Bastian Leistner
München, Deutschland

Dissertation an der Fakultät für Maschinenbau der Technischen Universität Chemnitz, Institut für Fahrzeugsystemdesign.

D93

ISSN 2662-3749   ISSN 2662-3757   (electronic)
Wissenschaftliche Reihe Fahrzeugsystemdesign
ISBN 978-3-658-26866-4   ISBN 978-3-658-26867-1   (eBook)
https://doi.org/10.1007/978-3-658-26867-1

Die Deutsche Nationalbibliothek verzeichnet diese Publikation in der Deutschen Nationalbibliografie; detaillierte bibliografische Daten sind im Internet über http://dnb.d-nb.de abrufbar.

Verantwortlich im Verlag: Markus Braun

Springer Vieweg ist ein Imprint der eingetragenen Gesellschaft Springer Fachmedien Wiesbaden GmbH und ist ein Teil von Springer Nature.
Die Anschrift der Gesellschaft ist: Abraham-Lincoln-Str. 46, 65189 Wiesbaden, Germany

„Fahrwerkentwicklung und produktionstechnische Integration
ab der frühen Produktentstehungsphase"

Von der Fakultät für Maschinenbau der
Technischen Universität Chemnitz

Genehmigte

Dissertation

zur Erlangung des akademischen Grades

Doktor-Ingenieur
(Dr.-Ing.)

vorgelegt

von	Dipl.-Ing.(FH) Bastian Leistner
geboren am	17. April 1993 in Schlema
eingereicht am	21. Januar 2019

Gutachter:
Univ.-Prof. Dr.-Ing. Ralph Mayer
Prof. Dr.-Ing. habil. Jörn Getzlaff

München, den 21. Januar 2019

V

Vorwort

Die vorliegende Arbeit entstand im Rahmen einer Promotion an der Professur Fahrzeugsystemdesign der Technischen Universität Chemnitz in Zusammenarbeit mit der Westsächsischen Hochschule Zwickau. Die BMW Group München ermöglichte das Erarbeiten der Ergebnisse des Forschungsprojektes im Rahmen einer Kooperation mit dem Unternehmensbereich Entwicklung Fahrdynamik. An dieser Stelle möchte ich mich für die hervorragende Betreuung und gute Zusammenarbeit mit meinem Betreuer der Technischen Universität Chemnitz Herrn Univ.-Prof. Dr.-Ing. Ralph Mayer bedanken. Er ermöglichte mir durch sein konstruktives Feedback stets neue Lösungsräume zu finden. Seine Mithilfe trug signifikant zum Erfolg dieser Dissertation bei. Auch Herrn Prof. Dr.-Ing. habil. Jörn Getzlaff möchte ich hiermit für seine Unterstützung während der Promotion als Zweitbetreuer danken. Im Rahmen der Betreuung bei der BMW-Group möchte ich besonders Dipl.-Ing.(FH) Dirk Berkan meinen Dank aussprechen. Er half mir die entwickelten Methoden so umzusetzen, dass sie sowohl praxistauglich als auch innovativ sind und im Rahmen der Produktentwicklung bei der BMW Group angewendet werden können. Ferner bedanke ich mich bei Dipl.-Ing. Jan Körting, M.Sc. Danail Angelov, M.Sc. Cristina Osorio-Larraz und Dipl.-Ing.(FH) Peter Galitz inklusive der gesamten Abteilung der geometrischen Gestaltung und Integration für die angenehme Zusammenarbeit über die gesamte Dauer der Promotion.

Besonderer Dank gebührt meiner Familie, die mich über die gesamte Zeit im Studium und darüber hinaus unterstützt hat. Auch dir Pauline möchte ich für deine Unterstützung und dein aufgebrachtes Verständnis danken!

München, im Januar 2019   Bastian Leistner

Bastian Leistner

Berufs- und Praxiserfahrung

11/2018 – heute   **Entwicklungsspezialist** bei **BMW Group** München in der Abteilung „Entwicklung Fahrdynamik – Federung, Dämpfung geregelt" mit dem Themengebiet „Simultaneous-Engineering-Teamleiter Luftfederung"

02/2016 – 10/2018   **ProMotion-Programm** bei **BMW Group** München in der Abteilung „Entwicklung Fahrdynamik – Geometrische Gestaltung und Integration" mit dem Thema „Produktionstechnische Integration im Fahrwerk"

03/2015 – 12/2015   **Diplomarbeit** bei **BMW Group** München in der Abteilung „Entwicklung Fahrdynamik und Fahrerassistenz – Geometrische Gestaltung und Integration" mit dem Thema „Konzeptentwurf einer Doppelquerlenkerachse im Spannungsfeld zukünftiger hochelektrifizierter Antriebe"

08/2013 – 01/2014   **Praxissemester** bei der **BMW Group** in München in der Abteilung „Entwicklung Fahrdynamik und Fahrerassistenz – Geometrische Gestaltung und Integration" mit dem Thema „Sensitivitätsanalyse von Gummilagersteifigkeiten bei Fünf-Lenker-Hinterachsen mit Komfortbezug"

03/2012 – 08/2015   **Formula Student** bei WHZ Racing Team in Zwickau im Team „Suspension" mit der Aufgabe „Konstruktion und Fertigungsplanung der radseitigen Fahrwerkskomponenten wie Radträger, Radnabe und Radlager, sowie Fahrwerkssetup" – ab 10/2014 Support

Schulbildung und Studium

02/2016 – 04/2019   **Promotion** zum **Doktor-Ingenieur** am Lehrstuhl Fahrzeugsystemdesign der Technischen Universität Chemnitz

09/2011 – 12/2015   **Studium** zum **Diplom-Ingenieur für Kraftfahrzeugtechnik** an der Westsächsischen Hochschule Zwickau (Abschlussnote 1,9)

09/2014   Erhalt des **Deutschlandstipendiums** bis Studienende 2015 für hohes soziales Engagement und gute Studienleistungen mit Unterstützung durch den Förderer „Porsche AG – Leipzig"

09/2004 – 08/2011   **Abitur** am Christoph-Graupner-Gymnasium Kirchberg

Inhaltsverzeichnis

Kurzzeichenverzeichnis

Kurzzeichen	Einheit	Bedeutung
K_E	-	Systemeigenkomplexität
A_V^{α}	-	Varietät
B_K^{β}	-	Konnektivität
C_D^{γ}	-	Veränderlichkeit
G_{KS}	-	Grad der Kausalitätsschleifen
n_g	-	Gesamtanzahl der betrachteten Informationsklassen
n_{A_d}	-	Anzahl der direkten Abhängigkeiten
A	-	Aktivsumme
P	-	Passivsumme
A_{d_o}	-	Summe aller ausgehenden direkten Abhängigkeiten
A_{d_i}	-	Summe aller einwirkenden direkten Abhängigkeiten
$G_B(I)$	-	Intensität der Beeinflussbarkeit
$G_E(I)$	-	Intensität der Einflussnahme
E_B	%	Effizienz der Informationsbereitstellung
R	-	Referenzmenge
S	-	Schnittmenge
W_L	-	Wahrscheinlichkeit der Informationslieferung
W_F	-	Wahrscheinlichkeit der Informationsforderung
p_b	-	Bewertungspunkte
f	-	Wichtungsfaktor, gesamt
f_h	-	Hauptfaktor
f_t	-	Teilfaktor

Abkürzungsverzeichnis

API Application Programming Interface

CAD Computer Aided Design (deutsch: Computergestützte Konstruktion)

CGR CATIA Graphical Representation (CAD-Datenformat)

CPM Critical Path Method (Methode)

DFMA Design for Manufacturing and Assembly

DMM Domain Mapping Matrix (Methode)

DMU Digital Mock-Up (deutsch: Digitales Versuchsmodell)

DSM Design Structure Matrix (Methode)

gTK generischer Teilekatalog

ID Identifikator (auch: Kennzeichen)

KE Komponentenentwickler (Rolle)

KO-Lage Konstruktionslage

KOS Koordinatensystem

MDM Multiple Domain Matrix (Methode)

MPM Metra Potential Methode (Methode)

MTM Methods Time Measurement (Methode)

OEM Original Equipment Manufacturer (deutsch: Originalausrüstungshersteller)

PDM Produktdatenmanagement

PERT Program Evaluation and Review Technique (Methode)

PI Produktintegrator (Rolle)

PM Projektmanager (Rolle)

PP Produktionsplaner (Rolle)

PRISMA Produktdaten Informations System mit Archiv (Datenbanksystem)

QFD Quality Function Deployment (Methode)

RKP Rechnergestützte Konzeptgestaltung von Produktfamilien (Methode)

SG Systemgestalter (Rolle)

SOP Start of Production (deutsch: Produktionsbeginn)

VBA Visual Basic for Applications (Programmiersprache)

XML Extensible Markup Language (Datenformat)

1. Einleitung

1.1 Motivation

Während der Entwicklung moderner Kraftfahrzeuge wird eine Vielzahl von Anforderungen an die Funktionalität der Produkte gestellt. Die zunehmende Verkürzung der Entwicklungszeit und steigende Variantenvielfalt [61] durch stark ausgeprägte Kundenorientierung sorgen gleichzeitig für eine noch höhere Komplexität der Anforderungssituation. Gründe hierfür lassen sich in stetig steigendem Wettbewerbsdruck und zunehmender Regulatorik finden [105][84][29].

Die Anforderungen an Geometrie und Funktion moderner Straßenfahrwerke wurden bisher häufig thematisiert, weniger intensiv betrachtet wurden jedoch damit verbundene produktionstechnische Umfänge. Sie beinhalten sowohl strukturelle Bedingungen der Produktions- und Montagestätten als auch Forderungen an Qualität und Verfügbarkeit.

Besonders in der frühen Entwicklungsphase müssen noch viele Informationen und Entscheidungen bezüglich Produktplatzierung im Markt, Auswahl des Fertigungsstandortes sowie Einbindung in zukünftige Produktkonzepte als volatil betrachtet werden. Aus diesem Grund ist es notwendig, möglichst effizient Untersuchungen zur Bewertung verschiedener Montagekonzepte durchzuführen. Diese sollen einen geringen zeitlichen Aufwand für den Entwickler darstellen und zusätzlich großes Potential zur Schöpfung hoher Produktreife bieten.

Um dies zu erreichen, muss die derzeitig sequenziell ablaufende Produktentwicklung und Produktionsplanung parallelisiert werden. Dazu ist es erforderlich, dass in der frühen Entwicklungsphase, auf Grundlage virtueller Methoden und Tools, Entscheidungen bezüglich des Produktkonzeptes getroffen werden können.

Ausgangssituation ist eine für die montagegerechte Produktgestaltung im Entwicklungsprozess zu spät eingeordnete Untersuchung des Produktes hinsichtlich produktionstechnischer Umfänge. Zudem ist in dieser Phase kaum Unterstützung in Form von Methoden und Tools für die virtuelle Produktentwicklung vorhanden.

© Springer Fachmedien Wiesbaden GmbH, ein Teil von Springer Nature 2019
B. Leistner, *Fahrwerkentwicklung und produktionstechnische Integration ab der frühen Produktentstehungsphase*, Wissenschaftliche Reihe Fahrzeugsystemdesign,
https://doi.org/10.1007/978-3-658-26867-1_1

1.2 Wissenschaftlicher Ansatz

Der Prozess der Produktreifegewinnung in frühen Entwicklungsphasen ist als „Frontloading"-Prozess[33] bekannt und stellt ein Optimum zwischen Entwicklungszeit, Produktkosten und Produktqualität dar. Der Fokus liegt darin, ein stimmiges Gesamtkonzept zu finden.

Um die umfangreichen Anforderungen transparent aufzuzeigen und effizient in der Produkt- und Prozessgestaltung umsetzen zu können, ist es erforderlich eine Methodik zu entwickeln, die praxistauglich im Entwicklungsprozess angewendet werden kann. Neben der steigenden Konzeptreife, soll auch die Vernetzung und gegenseitige Beeinflussung der Anforderungsbereiche dargestellt und berücksichtigt werden.

Für die Definition der relevanten Anforderungsbereiche ist eine detaillierte Analyse des Entwicklungsprozesses beschrieben. Als Ergebnis sind phasengerechte Anforderungen hinsichtlich der Montagefähigkeit der Achskonzepte dargestellt. Im Fokus steht die unternehmensweite Bereitstellung von Informationen für virtuelle Untersuchungen.

Der Aufbau ist durch eine prozessorientierte Arbeitsweise, eine methodisch virtuelle Unterstützung und ein geeignetes Datenmanagement beschrieben. Zur Unterstützung der entwickelten Methodik werden einzelne, im Zusammenhang stehende und vernetzte Methoden zur geometrischen Integration der produktionstechnischen Umfänge entwickelt.

Diese Methoden sind in Anwendung geometrienaher CAx-Daten und Datenablagestrukturen implementiert. Als Grundlage dient eine „Best-Practice"-Analyse der verwendeten Systeme und Applikationen. Zur Vollständigkeit wird ein Modell zum Informationsaustausch dieser Daten vorgestellt und kritisch bewertet.

Am Beispiel des Fahrwerkes wird eine Entwicklungsmethodik dargestellt, welche trotz unterschiedlichen Eingaben aufgrund ungleicher Produktreife zu jedem Zeitpunkt der frühen Phase des Entwicklungsprozesses angewendet werden kann. Dabei liefert die Methode plausible Ergebnisse bezüglich der Erfüllung der einzelnen Anforderungen.

Ziel dieser Arbeit ist die optimale Bedienung produktionstechnischer Belange von Fahrwerkumfängen in der Konzeptphase. In dieser Phase steht bei minimalem Kostenaufwand für Änderungen ein maximaler Nutzen gegenüber. Dazu sind neuartige Prozesse und Methoden zu entwickeln, welche praxistauglich die Anforderungen umsetzen können und einen Zielkonflikt auflösen.

2. Grundlagen

Montagegerechte Produktgestaltung als alte und neue Herausforderung.

Bereits seit mehreren Jahrzehnten thematisieren zahlreiche Autoren die Problematik der fertigungs- und montagegerechten Produktgestaltung in Bezug auf nahezu alle Industriebereiche[18, S. 51]. Barthelmeß [5] beschreibt im Jahr 1987, dass diese Bestrebungen bereits seit mehr als 25 Jahren bestehen, also wenigstens in die frühen sechziger Jahre zurückreichen. Dennoch ist diese Problemstellung noch immer nicht hinreichend gelöst. Eine Ursache hierfür lässt sich in der stets zunehmenden Variantenvielfalt [114] und Komplexität technischer Produkte finden. Des Weiteren bieten neuartige, virtuelle Entwicklungsmethoden effizientere Möglichkeiten die Montagefähigkeit zu untersuchen [89]. Die dritte Ursache für das fortwährende Bestehen dieser Herausforderung ist das Entstehen neuer Organisationsstrukturen in Verbindung mit modernen Entwicklungsprozessen [95].

Im folgenden Kapitel werden die relevanten Grundlagen für die montagegerechte Produktentstehung erläutert. Im Fokus steht hierbei die Entwicklung von Fahrwerken moderner Straßenfahrzeuge im Kontext einer automobilen Serienproduktion.

© Springer Fachmedien Wiesbaden GmbH, ein Teil von Springer Nature 2019
B. Leistner, *Fahrwerkentwicklung und produktionstechnische Integration ab der frühen Produktentstehungsphase*, Wissenschaftliche Reihe Fahrzeugsystemdesign,
https://doi.org/10.1007/978-3-658-26867-1_2

2.1 Produktentwicklungsprozess

Definitionen und Begriffserläuterungen

Um ein Produkt marktreif entwickeln zu können, bedarf es eines klar definierten Ablaufs von Arbeitsschritten oder Prozessen. Als Prozess bezeichnet man im Allgemeinen „[...] die Gesamtheit aufeinander einwirkender Vorgänge innerhalb eines Systems"[98]. Für das Beispiel Produktentwicklungsprozess präzisiert, beschreibt dieser die Gesamtheit aller aufeinander einwirkenden Entwicklungen verschiedener Teilbereiche innerhalb des Systems Produktentwicklung. Laut Gabler Wirtschaftslexikon ist die Produktentwicklung „[...] die Möglichkeit durch neue Produkte oder Verbesserung bestehender Produkte auf bestehenden Märkten Wachstum zu realisieren"[98]. Dies lässt darauf schließen, dass der Produktentwicklungsprozess beispielsweise alle notwendigen Schritte zum Erreichen des Umsatzwachstums der Produkte im Markt beschreibt. Im Rahmen der Entwicklung technischer Produkte gibt es mehrere Ansätze für Produktentwicklungsprozesse. Alle haben jedoch das Ziel, ein Produkt zu einem bestimmten Zeitpunkt mit klar definierten Eigenschaften und wirtschaftlich vertretbarem Aufwand einem Kunden zugänglich zu machen.

Stage-Gate-Prozesse

Viele moderne Entwicklungsprozesse in der Automobilindustrie sind grundsätzlich auf den sogenannten „Stage-Gate-Prozess" nach Cooper [24][23] zurückzuführen. Dieser zeichnet sich durch Phasen (Stages) und sogenannten Meilensteinen (Gates) aus [63, S. 52-53]. Der gesamte Prozess ist das Aneinanderreihen mehrerer Phasen, wobei am Ende einer Phase ein Meilenstein existiert (Abbildung 2.1). Die Phasen sind zeitlich sequenziell angeordnet. Zu einem Meilenstein wird überprüft, ob die in der davorliegenden Phase notwendigen Arbeitsschritte zielführend durchgeführt worden sind. Erst nach positiver Überprüfung wird die Arbeit in der nächsten Phase fortgesetzt. Ein Hilfsmittel für die Überprüfung und zeitliche Einhaltung des Prozesses ist die „Roadmap"[93, S. 47-49].

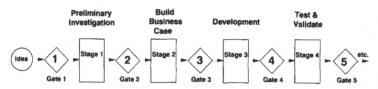

Abbildung 2.1: Stage-Gate-Prozess nach Cooper [23][1]

---

[1]   Abbildung auf Grundlage der Originalabbildung nach Cooper [23, S. 3]

Für diese Methode der Produktentwicklung steht die stetige Überprüfung der Erfüllung gesetzter Anforderungen. So würde ein Fehler oder eine nicht erbrachte Funktion immer zum Ende einer Phase entdeckt werden. Nachteilig ist jedoch, dass durch die stringente Sequenzierung der Arbeitsschritte immer nur ein Vorgang durchgeführt, bzw. ein bestimmter Teilbereich entwickelt werden kann. Des Weiteren können im Laufe der Entwicklung auftretende Erkenntnisse nicht mehr durch Anpassung der Anforderungen dem Produkt zugänglich gemacht werden. Auch Änderungen der äußeren Einflüsse, wie beispielsweise Regulatorik oder geänderte Kundenanforderungen können nicht mehr umgesetzt werden.

Simultaneous Engineering

Der „Simultaneous Engineering"-Ansatz ist eine abgewandelte Form des Stage-Gate-Prozesses. Es existieren ebenfalls am Ende jeder Phase Meilensteine, allerdings werden diese Meilensteine auch Synchronisationspunkte (Synchropunkte) genannt. Diese Unterscheidung ist insofern sinnvoll, da während der einzelnen Phasen mehrere gleichartige Arbeiten zu selben Zeit ablaufen. Die Entwicklungstätigkeiten werden von unterschiedlichen Personen ausgeführt. Da sie allerdings zur Entwicklung desselben Produktes dienen, ist es notwendig alle parallelen Arbeiten am Ende einer Phase zu synchronisieren (Abbildung 2.2).

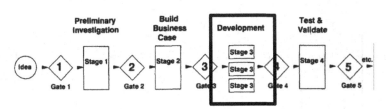

Abbildung 2.2: Parallelisierung von Prozessen im Simultaneous Engineering[2]

So kann sichergestellt werden, dass zu Beginn der nachfolgenden Phase alle beteiligten Personen vom gleichen Startpunkt ausgehend ein sinnvolles Gesamtprodukt entwickeln. Der Vorteil des Simultaneous Engineering ist, dass mehrere Personen gleichzeitig unterschiedliche Aufgaben durchführen können und damit eine kürzere Entwicklungszeit realisiert wird. Nachteilig ist bei diesem Ansatz, dass eine nachträgliche Anpassung der Anforderungen aufgrund später gewonnener Erkenntnisse nicht vorgesehen ist.

---

[2] Prinzipdarstellung auf Grundlage Cooper [23, S. 3] und Ehrlenspiel u. a. [34, S. 230]

Frontloading

Als „Frontloading" wird das zeitliche Vorziehen von Entwicklungsaufgaben in die frühen Phasen der Produktentstehung bezeichnet [33]. Diese Form der Entwicklung entstand im Zuge neuartiger virtueller Entwicklungsmethoden, die es ermöglichten, bereits frühzeitig und ohne Einsatz von Hardware Anforderungen hinsichtlich einer technischen Umsetzbarkeit zu überprüfen. Dies geschieht vor dem Hintergrund, dass virtuelle Untersuchungen deutlich schneller und kostengünstiger durchzuführen sind als Versuche mit Realbauteilen. Des Weiteren können die gewonnenen Erkenntnisse frühzeitig in das Produktkonzept einfließen, da in der frühen Entwicklungsphase die Änderungskosten deutlich geringer sind (Abbildung 2.3).

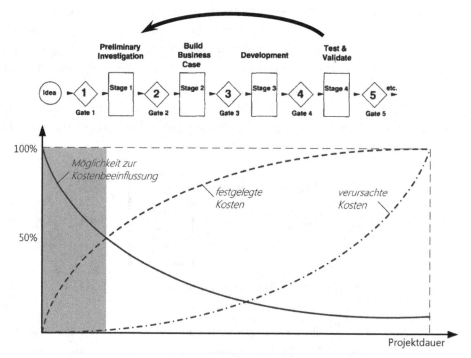

Abbildung 2.3: Frontloading und nutzbares Potential[3]

Bei diesem Ansatz der Produktentwicklung wird das vorteilhafte Verhältnis zwischen Kostenverursachung gegenüber den entstandenen Kosten in der frühen Phase genutzt [35, S. 11 f.][50, S. 60]. Dadurch können viele Produktvariationen untersucht werden, ohne dabei große Entwicklungskosten bei langer Entwicklungsdauer zu benötigen. Nachteilig kann jedoch sein, dass aufgrund nicht präzise definierten Anforderungen oder

---

[3]   Abbildung auf Grundlage Cooper [23, S. 3], Ehrlenspiel u. a. [35, S. 11] und Böttrich [12, S. 18]

zu vielen nicht zielführenden Iterationen sehr viele Entwicklungsergebnisse nicht für die Produktentwicklung nutzbar sind.

Scrum

Scrum ist eine Entwicklungsmethode, welche sich durch eine iterative und inkrementelle Arbeitsweise auszeichnet[70]. Erste Anwendungen fanden in den 1950er Jahren statt. Etabliert wurde Scrum als Entwicklungsmethode in den darauffolgenden Jahrzehnten im Rahmen der Software-Entwicklung. Der Fokus liegt auf der Entwicklung komplexer Produkte, welche zu Beginn der Entwicklung noch nicht vollständig nach einer klassischen Entwicklungsweise beschrieben werden können[95]. Das bedeutet, dass nach einem bestimmten Zeitraum stets reflektiert wird, ob die zu Beginn gesetzten Anforderungen noch dem Kundenwunsch entsprechen und ob der entwickelte Umfang mit den Anforderungen übereinstimmt. Diese zwischen zwei und vier Wochen andauernden „Sprints" sind charakteristisch für Scrum als Entwicklungsweise (Abbildung 2.4). Auch die organisatorische Struktur der Rollen ist durch deutlich flachere und weniger hierarchische Strukturen definiert.

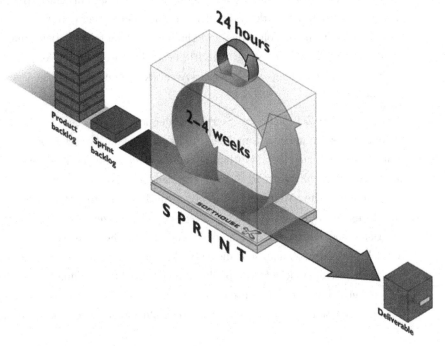

Abbildung 2.4: Scrum als selbstzentrierende Entwicklungsmethode [102, S. 12]

Im Rahmen der Hardware-Entwicklung galt die klassische Scrum-Methode als ungeeignet, da Fertigungs- und Absicherungsprozesse häufig deutlich länger als vier Wochen dauern. Ein Pilotprojekt für die Widerlegung dieser These ist die Entwicklung des „JAS 39E SAAB Gripen"[43]. Im Rahmen der Entwicklung dieses Flugzeuges wurden viele Elemente der Scrum-Entwicklungsweise angewendet und mit weiteren Elementen moderner Entwicklungsweisen kombiniert. Diese stammen beispielsweise aus dem „Lean Management" und „Kanban". Mit Hilfe von virtuellen Entwicklungsmethoden konnten innerhalb kürzester Zeit die zu Beginn eines Sprints getroffenen Entscheidungen untersucht und reflektiert werden. Das Ergebnis ist ein preisgünstiges und hochfunktionales Flugzeug, welches in kürzester Zeit und zu deutlich geringeren Kosten entwickelt wurde. Infolgedessen sind auch in der automobilen Hardwareentwicklung einige Pilotprojekte entstanden.

Marktzyklus in der Automobilindustrie

Im Rahmen der zunehmenden Globalisierung der Märkte in Verbindung mit wachsendem Wettbewerb verkürzen sich die Marktzyklen[4]. Dies hat zu Folge, dass für einige Produkte der Markzyklus zeitlich kürzer als der dazugehörige Entscheidungszeitraum ist. Diese Problematik wird verstärkt, indem ähnliche Fahrzeuge zu Fahrzeugfamilien oder Architekturen zusammengefasst werden. Der Marktzyklus einer Architektur wird größer, wobei sich die Marktzyklen der einzelnen Fahrzeuge weiter verkürzen können. Dies hat wiederum zur Folge, dass innerhalb einer Architekturentwicklung alle daraus resultierenden Einzelderivate gleichzeitig betrachtet werden müssen [71, S. 356][109, S. 9 f.]. Der Entscheidungszeitraum einer Architektur übersteigt infolgedessen wiederum den Marktzyklus.

Um dennoch zum Zeitpunkt des „Start of Production" (SOP) alle Anforderungen erfüllen zu können, werden in der automobilen Produktentwicklung verschiedene Prozessmodelle kombiniert und zu einem Optimum vereint. Auch die stetige Weiterentwicklung der Entwicklungsprozesse ist hierfür entscheidend. Nohe [81, S. 25 f.] hat hierfür eine umfangreiche Analyse bestehender Ansätze für die Prozessbewertung und -gestaltung gegenübergestellt und infolgedessen ein Konzept für die Prozessgestaltung auf Basis sogenannter Partialmodelle erstellt. Seither hat sich im Kontext des Wandels der Automobilindustrie die Entwicklungsweise verändert. Schulz [94, S. 245 f.] beschreibt hierfür, welche Schwerpunkte in der Produktentwicklung in den kommenden Jahren betrachtet werden sollten. Dabei spielt unter anderem die organisatorische Unternehmensstruktur entwickelnder Automobilhersteller eine zentrale Rolle.

---

[4] Bossmann [11, S. 3] auf Grundlage der Fraunhofer IAO Studien der Jahre 1996 und 2000

Organisationsformen und organisatorischer Aufbau von modernen Automobilherstellern

Für die korrekte Koordination und Steuerung der Prozesse innerhalb eines Unternehmens sind die Organisationsform und der organisatorische Aufbau entscheidend. Moderne Automobilhersteller haben für die Aufrechterhaltung und Durchführung interner Arbeitsabläufe komplexe Organisationsstrukturen, wobei sich viele Eigenschaften auf historische Organisationsformen zurückführen lassen [82]. Nach der Begriffsdefinition bildet die Organisationsstruktur „... das vertikal und horizontal gegliederte System der Kompetenzen ab, das gemäß dem instrumentalen Organisationsbegriff als genereller Handlungsrahmen die arbeitsteilige (Arbeitsteilung) Erfüllung der permanenten Aufgaben regelt"[98]. Das bedeutet, dass die Organisationsstruktur das Abbild der internen Prozesse ist.

Die Aufbaustruktur ist eine klassisch hierarchische Organisationsform. Grundsätzlich wird der Aufbau der Organisation durch Organisationseinheiten, Tätigkeiten und Aufgabenträger definiert [17, S. 5][34, S. 172 f.]. Dies dient der Zentralisation von Kompetenzen und Know-How, da Einheiten mit gleichem Aufgaben- und Kompetenzgebiet organisatorisch gemeinsam arbeiten. In den meisten Unternehmen gleicht dieser organisatorische Aufbau dem räumlichen Aufbau der Bürogebäude oder Arbeitsbereiche, sodass der Informationsaustausch innerhalb der Organisationseinheit optimiert wird. Ein Nachteil ist, dass Personen einer Organisationseinheit an unterschiedlichen, unabhängigen Projekten arbeiten.

Dieser Nachteil ist bei der klassischen Ablaufstruktur nicht vorhanden, da sich diese Organisation nach den Arbeitsprozessen und -abläufen strukturiert [17, S. 6][34, S. 174 f.]. Der organisatorisch abgebildete Arbeitsablauf definiert eine Folge von Arbeitsstufen, welche in ihrer Verkettung beispielsweise den gesamten Entstehungsprozess eines Produktes beschreiben. Unterschieden wird nach Nordsieck [82] beispielsweise zwischen inhaltlichem, zeitlichem, taktmäßigem oder Abfolge gebundenem Verlauf.

Moderne große Unternehmen weisen häufig Mischformen dieser beiden Grundformen der Organisationtheorie auf. Zum Abbilden verschiedener Unternehmensbereiche, wie z.B. Entwicklung oder Produktion, dient die hierarchische Aufbauorganisation. Dabei steht der Unternehmensvorstand an der Spitze dieser Organisationsform. Durch den pyramidenförmigen Aufbau sind die Verantwortlichkeiten klar definiert und Unternehmensziele können strukturiert und spezifiziert auf den jeweiligen Aufgabenbereich in der „Top-Down"-Weise übermittelt werden. Innerhalb der Bereiche Entwicklung oder Produktion sind häufig Strukturen etabliert, welche der Ablaufstruktur ähneln. Dies ist darin begründet, dass im Rahmen der Entwicklung häufig bereichsübergreifende

Untersuchungen durchgeführt werden müssen. Um die Informationsbereitstellung zu gewährleisten, bedienen sich Unternehmen im „Multi-Projekt-Geschäft" häufig sogenannter Matrixorganisationen. Eine weiterentwickelte Form ist die „organische Aufbauorganisation"[112, S. 48 f.]. Bei dieser Organisationsform liegt der Fokus auf der Selbstorganisation und Eigenverantwortung der einzelnen Organisationseinheiten. Die Bedeutung der Schnittstellen dieser Einheiten steigt infolge der starken Forderung nach einer erhöhten Kooperationsfähigkeit der einzelnen Organe.

Rollen im Entwicklungsprozess

Aufgrund der Vielfalt der Aufgaben während der Entwicklung von Fahrzeugen gibt es unterschiedliche Berufsbilder der beteiligten Personen[5]. Die Beschreibung der Tätigkeiten inklusive aller Verantwortungen und Kompetenzen wird mithilfe einer Rolle definiert und hat sich seither deutlich verändert. Die Ursache liegt primär in neuen und vorzugsweise virtuellen Arbeitsweisen. Diese führen dazu, dass sich neuartige Rollen etablieren und historisch konventionelle Berufsbilder schwinden. Im Rahmen der produktionstechnischen Integration werden in Abschnitt 4.2.2 die für die montagegerechte Fahrwerkgestaltung relevanten Rollen detailliert beschrieben. Des Weiteren werden diese mit bisher bestehenden Definitionen aus der Literatur in Verbindung gebracht.

2.2 Fahrwerktechnik

Bedeutung des Fahrwerks für das Gesamtfahrzeug

In den letzten Jahren hat ein Wandel in der Automobilindustrie begonnen. Im Rahmen der Digitalisierung und vernetzten Umwelt ändern sich die Wünsche der Kunden an die Produkte in immer kürzeren Zeitabständen. Ein Indikator dafür ist, dass der Markt, bzw. das Angebot der Produkte, in zeitlich immer kürzer werdenden Abständen erneuert wird. Auch halten zunehmend neue Fahrzeugkonzepte Einzug in das Produktportfolio führender Automobilhersteller. Die drei primären Treiber dieser Entwicklung der Automobilbranche sind die zunehmende Elektrifizierung der Fahrzeugantriebe, neuartige Produktionsprozesse und die wachsende Bedeutung von digitalen Dienstleistungen [105].

Im Spannungsfeld dieser Veränderungen ist es notwendig bereits ab der frühen Entwicklungsphase auf diese neuen Produkt- und Produktionskonzepte einzugehen. Da die zunehmende Elektrifizierung der Fahrzeuge neue Konzepte mit sich bringt,

---

[5]   nach Bullinger u. a. [18, S. 58 f.] und Ehrlenspiel u. a. [34, S. 297 f.] auf Grundlage Manske u. a. [75]

ist es in vielen Fällen nicht präzise genug, in der frühen Phase Abschätzungen auf Grundlage vorangegangener Modelle durchzuführen. Besonders im Fahrwerk sind deutliche Änderungen der Konzepte zu erwarten, da neuartige Antriebskonzepte direkt in den Achsverbund integriert werden.

Das Fahrwerk spielt im Gesamtfahrzeugkonzept eine zentrale Rolle, da es primär zum Erfüllen kundenwahrnehmbarer und teilweise zulassungsrelevanter Funktionen der Fahrsicherheit, Fahrdynamik und Fahrkomfort beiträgt. Zusammen mit den Reifen stellt es die direkte Verbindung zwischen Fahrbahn und Fahrzeug dar und definiert somit die Fahrtrichtung. Dabei spielt es zunächst keine Rolle, ob die Fahrtrichtung durch den Fahrer oder durch automatisierte Fahrfunktionen vorgegeben wird. Ferner wird das Umsetzen antriebsinduzierter Beschleunigung und Verzögerung mit Hilfe der Fahrwerkkomponenten realisiert. Des Weiteren ist das Rad ein zentrales Designelement für das Außendesign. Die Radstellung in Bezug zum Aufbau stellt einen signifikanten Anteil der Wahrnehmung und Anmutung eines Fahrzeugs dar.

Eine Besonderheit stellt hierbei die über Federn und Lenken induzierte Relativbewegung zur Karosserie dar. Um Fahrbahnunebenheiten auszugleichen und eine Fahrtrichtungs- änderung zu bewirken, weißt der Reifen einen hohen Platzbedarf im Radhaus auf. Die Summe aller möglichen Feder- und Lenkzustände ist in dynamischen Fahrzuständen über die maximal übertragbare Kraft am Radaufstandspunkt über den Reifen limitiert.

Während der geometrischen Gestaltung und Integration der Achskomponenten muss stets gewährleistet werden, dass alle Komponenten diese Feder- und Lenkbewegungen kollisionsfrei beschreiben können. Hierfür werden bereits frühzeitig umfangreiche geometrische Untersuchungen mit Hilfe von virtuellen Entwicklungsmethoden durchgeführt.

Nicht nur in Betriebszuständen müssen die Komponenten hinsichtlich geometrischer Freigängigkeit untersucht werden. Auch während der Montage müssen Anforderungen mit geometrischen Auswirkungen untersucht werden. Diese Anforderungen werden in Abschnitt 4.1 detailliert hergeleitet. Die in Kapitel 5 abgebildete Methode für die rechnergestützte Umsetzung dieser Anforderungen wurde am Beispiel einer Doppelquerlenker-Vorderachse prototypisch umgesetzt. Die Grundlagen für das betrachtete Achsprinzip werden im folgenden Abschnitt dargelegt.

Ausgewählte Achsprinzipien

In der Automobilindustrie haben sich einige wenige Achsprinzipien für Straßenfahrzeuge durchgesetzt. An der Vorderachse werden bei kostengünstigeren Fahrzeugen nahezu ausschließlich radführende Feder- oder Dämpferbeinachsen nach „Mac Pherson"(Abb. 2.5 Pos. b) eingesetzt. Bei Fahrzeugen im höheren Preissegment werden immer häufiger

Doppelquerlenkerachsen (Abb. 2.5 Pos. a) in verschiedensten Ausführungen verbaut. An der Hinterachse sind vor allem bei nichtangetriebenen Achsen Verbundlenkerachsen (Abb. 2.5 Pos. d) im Einsatz. Automobile der Mittelklasse werden häufig mit sphärische Einzelradaufhängungen ausgerüstet. Bei Fahrzeugen im höheren Preissegment sind primär Fünflenkerachsen (Abb. 2.5 Pos. c) verbaut. Starrachsen oder Portalachsen sind hauptsächlich bei Nutz- oder Geländefahrzeugen im Einsatz. Diese werden nicht thematisiert, da im Bereich der Personenkraftwagen nur sehr wenige Vertreter mit derartigen Achsprinzipien ausgerüstet sind. Im Nachfolgenden Abschnitt werden als Vertreter der Vorderachse eine Variante der Doppelquerlenkerachse und als Vertreter der Hinterachse die Fünflenkerachse näher beschrieben. Diese Beispiele wurden ausgewählt, da sie in ihrer geometrischen Gestalt am komplexesten sind, allerdings in ihrer funktionalen Auslegung die größte Fahreigenschaftsspreizung aufweisen.

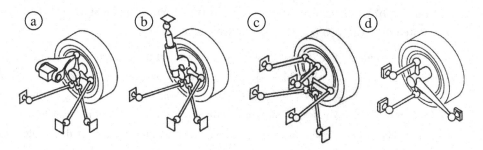

Abbildung 2.5: Ausgewählte Mechanismen von Achsprinzipien nach Matschinsky [76]

Die Doppelquerlenker-Vorderachse

Die Doppelquerlenkerachse ist ein Prinzip der Radführung, welches in unterschiedlichen Ausführungen vom Rennwagen bis hin zur Luxuslimousine angewendet wird. Das Achsprinzip ist dadurch gekennzeichnet, dass der räumliche Mechanismus zur Radführung aus mindestens sechs und höchstens acht Getriebegliedern besteht. Zur folgenden Erläuterung wird die Karosserie als relativ zum Rad unbewegliches Gestell betrachtet. Die Verbindung der beiden Fahrzeugseiten durch einen Mechanismus zur Rollstabilisierung wird vernachlässigt.

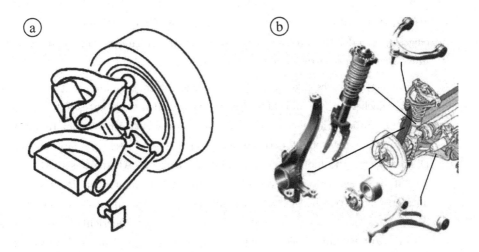

Abbildung 2.6: Mechanismus und Komponenten der Doppelquerlenkerachse[6]

Das Getriebeglied zur Radführung ist die sogenannte Koppel. Die Koppel wird auch als Schwenklager, Radträger oder Achsschenkel bezeichnet und verbindet das Rad über das Radlager mit dem räumlichen Getriebe. Die Relativbewegung zwischen Schwenklager und Karosserie, welche durch die Getriebefreiheitsgrade zugelassen werden, definieren das Fahrverhalten des Fahrzeuges maßgeblich. Diese Bewegung wird durch die geometrische Anordnung verschiedener Getriebeglieder zwischen Koppel und Gestell definiert. Sie werden als Querlenker und Spurstange bezeichnet.

In ihrer klassischen Ausprägung hat die Doppelquerlenkerachse zwei Dreipunktlenker, einen oberhalb der Radmitte und einen unterhalb. Dabei haben die Querlenker jeweils zwei Gelenkpunkte an der Karosserie und einen am Schwenklager. Die radseitigen Gelenkpunkte der beiden Querlenker am Schwenklager definieren die sogenannte Lenk- oder Spreizachse. Die Lenkachse definiert die Lenkbewegung des Rades, welche wiederum durch das Getriebeglied Spurstange räumlich bestimmt wird. Die Spurstange ist ein Zweipunktlenker, welcher an seiner karosserieseitigen Gelenkstelle eine durch das Lenkgetriebe induzierte translatorische Bewegung in Fahrzeugquerrichtung ausführen kann. Durch die veränderliche Lage dieser Verbindungsstelle wird die Lenkbewegung des Rades gesteuert. Der letzte noch zu definierende räumliche Freiheitsgrad ist die Bewegung des Rades in Fahrzeugvertikalrichtung. Diese Bewegung wird durch das Federbein definiert. Um den Mechanismus räumlich-bestimmt zu gestalten, muss das Federbein aus zwei Getriebegliedern bestehen, welche durch ein Verschiebegelenk relativ zueinander beweglich sind. Das Federbein wird an der Karosserie und üblicherweise am unteren Querlenker angebunden. Die Stellung des Verschiebegelenkes wird durch die Federkraft,

---

[6] Pos. a: Mechanismus nach Matschinsky [76], Pos. b: nach Heißing u. a. [49]

als Reaktion auf die Fahrzeugmasse und die auf diese wirkenden Beschleunigungen, eingestellt. In der Realität definiert das Federbein den Höhenstand in Abhängigkeit der in Fahrzeughochrichtung wirkenden Kräfte.

Doppelquerlenkerachsen können in verschiedene Grundtypen unterteilt werden. Generell kann je nach Fahrzeugcharakterisierung ein sportlich orientiertes Fahrverhalten oder ein komfortabel orientiertes Fahrverhalten eingestellt werden. Bei Rennfahrzeugen wird primär eine Doppelquerlenkerachse in ihrer klassischen Ausprägung mit zwei Dreipunktlenkern und einer sogenannten niedrigen Abstützbasis verwendet. Als Abstützbasis wird die Lage des oberen Querlenkers relativ zur Radmitte und zum unteren Querlenker bezeichnet. Bei der niedrigen Abstützbasis besteht der Vorteil darin, dass der radseitige Gelenkpunkt des oberen Querlenkers circa denselben Abstand zur Radmitte besitzt, wie der des unteren Querlenkers. Dadurch kann das Kugelgelenk am Schwenklager in der Felge positioniert werden. Die geometrischen Abmaße der gesamten Achse sind in Bezug zur Fahrzeuggröße eher kompakt. Der Nachteil ist, dass bei geregelten Bremsungen mit hoher Verzögerung die Verformungen der Elastomerlager ein „Aufziehen" der Achse fördern. Infolgedessen müssten die Steifigkeiten der Elastomerlager deutlich erhöht werden, was wiederum negativ für den Fahrkomfort ist. Bei komfortorientierten Fahrzeugen ist dieser Kompromiss nicht möglich, weshalb die Doppelquerlenkerachse bei diesen Fahrzeugen eine optimierte Lage der Lenkachse benötigt. Diese Lage kann durch eine hohe Abstützbasis erreicht werden. Hier wird der radseitige Gelenkpunkt des oberen Querlenkers über dem Rad positioniert. Dies hat zur Folge, dass das Schwenklager eine aufwändige geometrische Gestalt aufweist und durch die angespannten Bauraumverhältnisse zwischen Reifeninnenseite und Karosserie weniger Steifigkeit bei Kräften in Fahrzeugquerrichtung bietet. Des Weiteren können die oberen karosserieseitigen Querlenkerlager bei Achsen mit hoher Abstützbasis bei gleichen Betriebslasten deutlich weniger steif ausgeführt werden. Das hat zur Folge, dass sich weitere akustische Vorteile, primär im Bereich des Festkörperschalls, einstellen.

Eine weitere Möglichkeit zur optimierten Lenkachspositionierung ist die aufgelöste Lenkerebene. Dabei wird der Dreipunktlenker durch zwei Zweipunktlenker ersetzt. Somit ist es möglich die Lenkachse bei ungünstigen Bauraumverhältnissen durch virtuelle Gelenkpunkte noch weiter nach fahrzeugaußen zu verschieben. Des Weiteren ist es möglich eine veränderliche Lage der Lenkachse bei einer Zahnstangenhubänderung einzustellen. Dieses Verhalten bezeichnet man als Spreizachswanderung und ist charakteristisch für Doppelquerlenkerachsen mit aufgelösten Lenkerebenen.

Schlussendlich sind viele Grundgene der Fahrwerkeigenschaften auf die räumliche Positionierung der Gelenke zurückzuführen. Diese konzeptrelevanten Verbindungsstellen müssen allerdings auch im Rahmen der Serienproduktion und Montage gefügt werden.

Die dazu notwendigen Bedingungen und daraus resultierenden Anforderungen werden in den folgenden Abschnitten beschrieben. Eine virtuelle Methode für die automatisierte Absicherung dieser Verbindungsstellen ist Abschnitt 5.2.2 zu entnehmen.

2.3 Produktions- und Montagetechnik

Einordnung der Fahrzeugmontage in die Produktionstechnik

Künftig werden sich Produktionskonzepte ebenfalls deutlich ändern. Deshalb müssen die Auswirkungen von Produkt- und Produktionskonzeptänderungen gleichzeitig bewertet werden [45, S. 350]. Eine Schwierigkeit besteht darin, die produktionstechnischen Anforderungen direkt während der Konzeptentstehung phasengerecht und transparent aufzuzeigen. Hierfür werden die Grundlagen der automobilen Produktion erläutert.

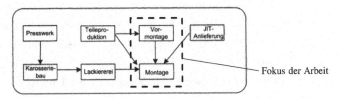

Abbildung 2.7: Schematischer Aufbau der Automobilproduktion nach Vahrenkamp [103, S. 85]

Innerhalb eines OEMs ist die Produktion der herstellende Unternehmensbereich. Im Allgemeinen kann die Produktion hierarchisch in mehrere Teilbereiche gegliedert werden. Diese sind nach Westkämper u. a. [112, S. 47] Arbeitsplanung, Fertigung und Montage. In der Automobilindustrie bietet der Teilbereich Montage aktuell das höchste Potential hinsichtlich automatisierter Arbeitsabläufe. Dies ist beispielsweise an der hohen Mitarbeiteranzahl in Bezug zu den ablaufenden Prozessschritten zu sehen. Eine weitere Möglichkeit der Unterteilung sind die sogenannten Systemebenen der Produktion [112, S. 56]. Dies ist eine ablauforientierte Gliederung und beschreibt in der gröbsten Form das gesamte Produktionsnetzwerk (Menge aller Fertigungs- und Montagewerke) und in der feinsten Form den Einzelprozess (kleinster Teilvorgang im Rahmen der Produktion[7]).

Im Rahmen dieser Arbeit wird der Teilbereich Montage beschrieben (Abbildung 2.7). Die virtuelle Entwicklung und rechnergestützte Konstruktion mit fertigungstechnischem Hintergrund wurde für Einzelkomponenten bereits umfassend thematisiert. Weniger

---

[7]   Angelehnt an MTM-Element (Methods Time Measurement [59, S. 54 f.])

deutlich herausgearbeitet wurde bisher die Montage von komplexen Baugruppen. In der Fahrzeugmontage exisiteren einzelne Abschnitte. Deren Struktur wird auch als Referenzverbaureihenfolge bezeichnet. Die Abschnitte entsprechen nach der technologieorientierten Segmentierung der Produktion nach Westkämper u. a. [112, S. 56] ausschließlich den Segmenten der Baugruppenmontage und Endmontage.

Wie deutlich zu erkennen ist, sind die Produktumfänge Fahrwerk und Antrieb in mehrere kombinierte Vormontagen unterteilt. Die „Hochzeit" bildet hierbei die Verbindung dieser Vormontagen mit den Bauteilen der Karosserie und ist im Automobilbau ein zentraler Produktionsschritt. Innerhalb der Fahrwerkmontage existiert der Prozessschritt „Verlobung". Dieser ist gleichermaßen von hoher Bedeutung, da an dieser Stelle die Antriebseinheit mit den Achskomponenten verbunden wird. Dabei spielt es zunächst keine Rolle, welche Antriebstechnologie im Fahrzeug verwendet wird. Im Rahmen der flexiblen Produktion sollten die Varianten bei neuartigen Antriebskonzepten im gleichen Prozessschritt montiert werden können. Eine weitere Besonderheit der Montageschritte Hochzeit und Verlobung ist der Zusammenbauzustand der Achse. Da das Fahrwerk nur teilweise montiert ist, liegt kein durch das Gesamtfahrzeug kinematisch eindeutig bestimmter Zustand vor. Die Schwierigkeit einer geometrischen Simulation mithilfe von konstruktionsnahen CAD-Methoden wird in Abschnitt 5.2.2 beschrieben. Der vollständige generische Aufbau der Fahrzeugmontage mit Fokus auf Fahrwerksbauteile wird im Rahmen der Methodenbeschreibung in Abschnitt 5.2.3 dargestellt.

Automatisierung in der Fahrzeugmontage

Nicht nur auf Seite der Produktentwicklung etablieren sich virtuelle und stark automatisierte Arbeitsweisen. Auch in der Fertigung und Montage führt der steigende Grad für Prozessautomatisierung zu flexibleren Arbeitsmodellen. So werden komplizierte geometrische Abläufe während der Montage zunehmend maschinenunterstützt ausgeführt. Ein Beispiel hierfür ist der vollautomatisierte Hochzeitsprozess, bei dem die Federbeine während des Fügevorgangs von Fahrwerk und Karosserie mit Hilfe eines Roboters geführt werden. Dabei wird aufgrund der hohen Reproduzierbarkeit stets die gleiche Bewegungsbahn beschrieben (Abbildung 2.8).

1984   2017

Abbildung 2.8: Automatisierung des Hochzeitsprozesses im Vergleich[8]

Für derartig umfangreiche Montageanlagen ist ein hoher Vernetzungsgrad der einzelnen Montagesysteme notwendig [91, S. 32]. Dies ist im Rahmen der Unternehmungen des Projektes „Industrie 4.0" gefördert worden [90]. Eine als kritisch zu betrachtende Folge ist die eingeschränkte Flexibilität der Produktionssysteme. Durch die hohe Automatisierung wird gleichzeitig eine starke Spezialisierung der Montageanlagen auf beispielsweise ein konkretes Achskonzept oder einen spezifischen Antriebstyp vorgenommen. Das hat zur Folge, dass eventuelle neuartige Achskonzepte oder Antriebsformen schlecht oder nur sehr aufwändig in bestehende Systeme integriert werden können. Ferner stellt auch diese Spezialisierung höhere Anforderungen an die maximal zulässige Lageabweichung der Komponenten während der Montage, da die relativ starr programmierten Prozessabläufe nur mit geringen Abweichungen der Ausgangssituation prozesssichere Montageergebnisse liefert. Aus diesem Grund muss auf Seiten des Produktes und der Produktion ein Optimum gefunden werden, um mit wirtschaftlich vertretbarem Aufwand funktional und qualitativ hochwertige Fahrzeuge zu produzieren.

---

[8]   Links: Opel-Werk Bochum 1984[4], Rechts: BMW-Werk Dingolfing 2017[92]

2.4 Virtuelle Produktentstehung

Potentiale der virtuellen Methoden in der Fahrzeugentwicklung

Die eingangs erläuterten entwicklungs- und produktionsseitigen Randbedingungen erfordern es immer mehr Iterationen zur Produktgestaltung in immer kürzerer Entwicklungszeit durchzuführen. Dies ist mit herkömmlichen Hardwareversuchen nicht effizient umzusetzen[9]. Die Folge ist eine Vielzahl an virtuellen Entwicklungsmethoden, welche je nach Anwendungsfall auf kleine Spezialgebiete optimiert sind [96, S. 27]. Gängige Anwendungsgebiete virtueller Entwicklungsmethoden sind nach Braess u. a. [13, S. 1155] folgende Funktionen:

- Fahrleistung, Verbrauch, Schadstoffemission

- Strukturfestigkeit

- Schwingungen, Vibrationen, Geräusche

- Betriebsfestigkeit, Lebensdauer

- aktive Sicherheit (Fahrdynamik, Assistenzsysteme)

- passive Sicherheit (Crashtauglichkeit, Insassenschutz, Fußgängerschutz)

- Strömungen (Aerodynamik, Klimatisierung)

Die größten Potentiale werden in der Anwendung virtueller Entwicklungsmethoden in den frühen Phasen der Produktentstehung erreicht Bullinger u. a. [15, S. 32-34]. Dabei ist ein optimales Zusammenarbeiten der einzelnen Methoden und Programme von hoher Bedeutung [13, S. 1159]. Dieses Zusammenwirken wird in der Informationstechnik mit Hilfe von Schnittstellen realisiert. Besonders in bereichsübergreifend genutzten Methoden ist die klare Definition von Schnittstellen aufgrund der hohen Anzahl von beteiligten Personen erforderlich [15, S. 331]. Im Umfeld der geometrienahen Produktgestaltung dient das CAD-Modell als Referenz [51, S. 414 f.]. In Zusammenspiel mit einem Datenverwaltungssystem, wie beispielsweise einem PDM-System, sind diese die Referenz-Systemlandschaft der frühen Entwicklungsphase[10].

---

[9]   Freund [41, S. 14] nach AIT Autorenkollektiv zum Thema Digital Mock-Up Process Simulation, Abschlussbericht März 2000, Paris

[10]   Gaul [44, S. 52] auf Grundlage PROSTEP [85] und Stark u. a. [99]

Produktdatenstrukturierung

Analog zum digitalen Prototyp gibt es eine Vielzahl an Möglichkeiten der Produktdatenstrukturierung. Nach Halfmann u. a. [48, S. 43] ist "der Begriff Produktstrukturierung [...] als die Anordnung von funktionalen Elementen, deren Zuordnung zu physischen Komponenten sowie die Spezifikation der Schnittstellen zwischen diesen Komponenten'definiert.[11]

Spezifikationen der Schnittstellen definieren den Aufbau solcher Strukturen. Die Art des strukturellen Aufbaus unterliegt häufig dem Anwendungsfall oder der Organisationsstruktur. Im Rahmen der Produktentwicklung ist die verbreitetste Methode die nach funktionsorientierten Strukturbedingungen. Hierfür werden Komponenten zu Submodulen und diese wiederum zu größeren Modulen zusammengefasst. Häufig sind diese Strukturen bereits nach fertigungsbezogenen Umfängen gegliedert, da sich funktionell abgeschlossene Module beispielsweise als Kaufteil von einem Zulieferer beziehen lassen [83, S. 238][51, S. 290 f.][48, S. 8][66, S. 14]. Weitere Möglichkeiten sind logistikorientierte [64, S. 18 f.] oder fertigungsbezogene Strukturierungen [62, S. 683]. Ferner fokussierte Zagel [114, S. 19 f.] sich in seiner Arbeit auf die Strukturierung variantenreicher Produkte, welche wiederum andere Anforderungen an die Spezifikation der Schnittstellen hervorbringt. Diese Anforderungen sind beispielsweise Berücksichtung von Prozess- und Ressourcenvarianz oder Varianz in der Abfolge von Produktionsprozessen [115, S. 63].

Im Rahmen der produktions- und montagebezogenen Produktstrukturierung stellt Halfmann u. a. [48, S. 78] die These auf, dass bestehende Methoden zum fertigungs- und montagegerechten Konstruieren keine konsistente Berücksichtigung der Produktstrukturierung aufweisen. Diese Aussage wird auf Grundlage einer Analyse bestehender Methoden für fertigungsgerechte Produktgestaltung getroffen. Als Ergebnis wird eine Methode vorgestellt, bei der nach Ermittlung der Produktziele variantengerechte Komponenten durch Reduzierung der externen und internen Vielfalt erzeugt werden. Anschließend werden diese in modularisierte Produktfamilien ausgeleitet. Nicht betrachtet wurde allerdings der interdisziplinäre Wissensaustausch zwischen Produktentwicklung und Produktionsplanung. Ein ähnlicher Versuch mit Hilfe der Produktstrukturierung die Funktionsstruktur und Baustruktur zusammenzubringen ist die METUS-Darstellung nach Göpfert [46]. Dabei wird das Produkt aus Funktionssicht bis auf Komponentenebene heruntergebrochen und anschließend in der Baustruktur zu Baugruppen verknüpft. Dabei wird ein unternehmensweiter Bezug zu Organisationseinheiten hergestellt (Abbildung 2.9 S.20).

---

[11] Halfmann u. a. [48] auf Grundlage Rapp [87]

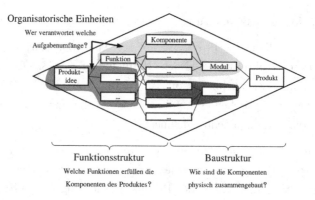

Abbildung 2.9: Darstellung von Produktarchitektur und Projektorganisation in METUS nach Göpfert [46][12]

Burr [19] hingegen stellt eine umfassende Methodik zur Abbildung der Fertigungsstruktur im Rahmen der Produktstrukturierung auf und hält dabei die Koordination von prozessschrittabhängigen Zusatzinformation vor. Grundlage ist eine umfangreiche Analyse des in der Praxis stattfindenden Informationsaustauschs während der Entwicklung und Planung. Als Ergebnis wurde das sogenannte Schalenmodell zur Informationsbereitstellung entwickelt. Dieses zeichnet sich durch die Anwendung im Karosserierohbau aus und ermöglicht eine deutliche Effizienzsteigerung in der Prozessqualität und Informationsbereitstellung. Nicht betrachtet wurde jedoch die Anwendbarkeit in anderen Bereichen der Produktentwicklung. Auch die Nutzung in besonders frühen Phasen der Produktentwicklung ist aufgrund der hohen Volatilität der Einzelinformationen nicht bewiesen. Ein weiterer Punkt zur Kritik ist der Ansatz, dass 95 Prozent der Vorgängerinformationen wiederverwendet werden können. Im Kontext zunehmender Elektrifizierung sind besonders im Fahrwerk die Auswirkungen von kompakten und in den Achsverbund integrierten Hochvoltantrieben zu untersuchen. Das hohe Integrationspotential dieser Antriebstechnologien inklusive Motoren und Leistungselektronik fördert packageänderungen im Fahrwerk. Auch regulatorische Randbedingungen, wie beispielsweise Crashanforderungen, steigern das Änderungspotential im Fahrwerk. Dies sind beispielsweise die Aufnahme der Aufprallenergie mit Hilfe eines Achsträgers oder das Ausklappen des Vorderrades bei Kollisionen mit geringer Überdeckung in Bezug zur Fahrzeugbreite. Dem entgegen stehen wiederum konventionelle Fahrzeuge, welche weiterhin produziert werden müssen. Da diese teilweise gleichzeitig mit neuartigen Konzepten gefertigt werden, sinkt das Änderungspotential aufgrund der geforderten Übernahme von Produktionsanlagen.

---

[12] Abbildung von Halfmann u. a. [48, S. 45]

3. Stand der Technik

3.1 Anwendung wissenschaftlicher Entwicklungsmethoden

3.1.1 Anforderungsmanagement und Komplexität

Anforderungsmanagement

Unter dem Begriff Anforderungsmanagement versteht man „das ingenieurmäßige Festlegen der Anforderungen an ein System". Die Aufgaben sind die „Ermittlung, Beschreibung, Analyse und Gewichtung der Anforderungen in einer möglichst exakten und operationalen Form, um eine qualitative Verbesserung der Anforderungsdefinition und eine Reduktion der Fehler zu erreichen"[98]. Folglich werden im Rahmen des Anforderungsmanagements alle auf ein System wirkenden Forderungen hinsichtlich der Erfüllung verschiedener Eigenschaften in zeitlichem Bezug zum Entwicklungsprozess definiert und nachgehalten. Am Beispiel der Automobilentwicklung sind diese Eigenschaften beispielsweise Funktion, Kosten oder Qualität. Im Rahmen des Anforderungsmanagements erfolgt die Anforderungsdefinition. Als Ergebnis werden „ein oder mehrere Dokumente, in denen die Anforderungen schriftlich fixiert werden"[98] beschrieben und dienen in Form eines Pflichtenheftes beispielsweise als Vertragsgrundlage bei externen Lieferanten.

Aus Sicht der Produktentwicklung sind „Anforderungen geforderte Eigenschaften des zu entwickelnden Produktes"[83, S. 35] und müssen konzipiert werden [40, S. 45]. Da besonders im Rahmen der automobilen Produktentwicklung in den frühen Phasen stark konkurrierende Anforderungen existieren, bildet sich im Rahmen des Anforderungsmanagement häufig ein komplexes System aus.

Komplexität

Der Versuch den Begriff „Komplexität" verständlich zu definieren geht in die frühen 1960er Jahre zurück. Erste Ansätzen wurden von Simon [97] in Form der „Grundtypen der Komplexität" definiert. Eine greifbarere Definition erfolgt durch Ebel [32]. Er

© Springer Fachmedien Wiesbaden GmbH, ein Teil von Springer Nature 2019
B. Leistner, *Fahrwerkentwicklung und produktionstechnische Integration ab der frühen Produktentstehungsphase*, Wissenschaftliche Reihe Fahrzeugsystemdesign, https://doi.org/10.1007/978-3-658-26867-1_3

beschreibt, dass Systeme als einfach, kompliziert, komplex oder chaotisch beschrieben werden können. Ein chaotisches System ist durch den „Zustand vollständiger Unordnung oder Verwirrung" charakterisiert [32]. Das bedeutet, dass es nicht möglich ist zukünftige Zustände vorherzusagen. Als Beispiel dient die globale Wetterlage. Die Einordnung eines Systems hinsichtlich einfacher, komplizierter oder komplexer Natur erfolgt mit Hilfe des Grades der strukturellen und dynamischen Komplexität.

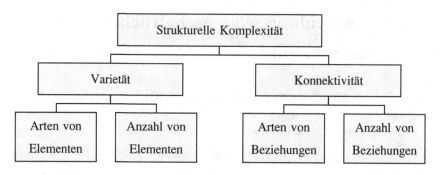

Abbildung 3.1: Strukturelle Komplexität [32, S. 25]

Unter struktureller Komplexität wird im Allgemeinen die strukturelle Vielfalt eines Systems verstanden. Unterschieden wird hierbei zwischen Varietät und Konnektivität. Die Varietät bezeichnet die Anzahl und Arten von Elementen, wobei Konnektivität die Anzahl und Arten von Beziehungen beschreibt. Diese Größen ermöglichen es ein System objektiv bewertbar zu machen (Abbildung 3.1). Um die dynamische Komplexität eines Systems zu objektivieren wird die Größe „Veränderlichkeit" herangezogen. Eine hohe dynamische Vielfalt bedeutet, dass der Zustand des Systems zeitlich veränderlich ist. Nach Ebel [32] ist ein System nur komplex, wenn es eine hohe dynamische Vielfalt aufweist (Abbildung 3.2).

Dynamische Komplexität	hoch	Relativ komplexes System	Äußerst komplexes System
	gering	Einfaches System	Kompliziertes System
		gering	hoch

Strukturelle Komplexität

Abbildung 3.2: Strukturelle und dynamische Komplexität [32, S. 25]

Als einfaches System kann beispielsweise eine einspurige Straße genannt werden. Diese weißt eine geringe Anzahl von Elementen und Verbindungen auf. Ein kompliziertes System könnte das Straßennetz einer Großstadt sein, da hier bereits mehrere Element- und Verbindungstypen definiert sind. Als komplex würde dieses Straßennetz mit täglich veränderlichen Richtungen der Einbahnstraßen beschrieben werden, da auch die zeitliche Vielfalt Einfluss nimmt.

Rechnerisch kann die Systemeigenkomplexität K_E aus der Summe der Faktoren Varietät A_V^α, Konnektivität B_K^β und Veränderlichkeit C_D^γ berechnet werden (Formel 3.1 nach Wenzel [111, S. 110].

$$K_E = A_V^\alpha + B_K^\beta + C_D^\gamma \qquad (3.1)$$

3.1.2 Wissenschaftliche Ansätze für komplexe Problemstellungen

Es gibt verschiedene Ansätze um komplexe Problemstellungen wissenschaftlich bewältigen zu können. Deubzer [28] beschreibt auf Grundlage der „Systems Theory" nach Simon [97, S. 169 f.] verschiedene Grundtypen und Gebiete um mit komplexen Problemstellungen umzugehen. Er teilt die Komplexitätstheorie in die fünf Hauptgebiete „Systems Theory", „Operations Reserach", „Network Science and Graph Theory", „Systems engineering" und „Eingineering design research" auf.

Begriffsdefinitionen

Systems Theory geht in die 1920er Jahre zurück und bildet den Grundstein für die theoretische Modellbildung von theoretischen und generisch mathematischen Modellen. Pulm [86, S. 21] beschrieb, dass man die Systems Theory in die drei Teilbereiche „Systemwissenschaft", „Systemtechnik" und „Systemphilosophie" unterteilen kann. Checkland [20, S. 105] definierte die „Neun Level von komplexen Systemen", welche noch immer als Referenz dienen. In heutiger Anwendung befinden sich primär das „Systems Engineering" als spezialisierte Ausführungen der Systems Theory.

Zur Kategorie Operations Research zählen Methoden zur Entscheidungsfindung und Planung komplexer Situationen. Erste Anwendungen lassen sich auf den Zweiten Weltkrieg zurückführen [31, S. 2]. Ziel ist es, unter Verwendung von mathematischen Modellen, den rationalen Prozess zur Entscheidungsfindung zu simulieren und zu objektivieren [31, S. 2] indem bestimmte Werte oder Zielgrößen maximiert oder minimiert werden. Die Voraussetzung für gute Ergebnisse sind zuverlässige Eingangsinformationen. Zimmermann u. a. [116, S. 3] beschreiben die grundlegende

Vorgehensweise in drei Schritten. Beginnend mit der Beschreibung des realen Problems in einem mathematischen Modell, wird im zweiten Schritt die Berechnung der Extrema durchgeführt. Die abschließende Interpretation der Ergebnisse ist ebenfalls von großer Bedeutung, da diese immer auf das untersuchte Problem bezogen werden muss.

Die Network Science oder Netzwerkforschung ist ebenfalls eine Spezialisierung der Systems Theory und bedient sich der Methoden der Graph Theory oder Graphentheorie. Die Graphentheorie geht auf das 1736 beschriebene „Königsberger Brückenproblem"[7, S. 3] zurück, bei dem eine mathematische Lösung für einen Weg über sieben Brücken und zwei Inseln gefunden werden sollte. Die Netzwerkforschung bedient sich an den mathematischen Erkenntnissen der Graphentheorie und beschreibt Verbindungen innerhalb großer Netzwerke. Newman [80, S. 169] beschreibt jedoch, dass die Anwendung der Netzwerkforschung für technische Produkte oder Produktionslinien weniger vertreten ist.

Das Systems Engineering stellt den technischen Bezug zur Systems Theory her [20, S. 125].[1] In den letzten Jahren haben sich verschiedene Methoden für die Bewältigung technischer komplexer Probleme herausgebildet. Diese werden im folgenden Abschnitt näher beschrieben. Viele lassen sich in die drei von Kossiakoff u. a. [67, S. 410-411] beschriebenen Modelltypen schematischer, mathematischer und physikalischer Modelle einordnen. Die Hauptanwendungsgebiete des System Engineerings lassen sich nach Boardman u. a. [10, S. 47-61] in sieben Bereiche unterteilen. Aufgeführt sind die Bereiche Lebenszykluserkennung, Anforderungsvieldeutigkeit, Stakeholderintegration, Entscheidungsfindungsprozesse, Modellierung und Simulation, Projektmanagement und Leistungsfähigkeit.

Engineering Design Research oder die Forschung auf dem Gebiet der technischen Produktentstehung ist auf das 19. Jahrhundert zurückzuführen und beschäftigt sich mit Methoden zur Produktentstehung. Erste wissenschaftliche Ansätze entstanden in den 1980er Jahren [8, S. 3][54, S. 89-93] und wurden seither weiterentwickelt. Ziel ist es mit wissensbasierten und intelligenten Methoden Konstrukteure und Entwickler technischer Produkte zu unterstützen, um beispielsweise die Entwicklungszeit zu verkürzen oder das Risiko von Fehlentwicklungen zu reduzieren [54, S. 74-75][86, S. 76].

Methoden zur Komplexitätsbeherrschung

Die Darstellung von komplizierten oder komplexen Systemen ist in vielen Forschungsgebieten ein zentrales Thema. In Abhängigkeit der jeweiligen Randbedingungen müssen diese Systeme beherrschbar und übersichtlich abgebildet werden können.

---

[1]   Holt u. a. [53, S. 2-3] geben einen Vergleich verschiedener Autoren und stellen vier unterschiedliche Definitionen für den Begriff „Systems Engineering" vor.

Auch in der Entwicklung moderner Straßenfahrzeuge ist dieses Problemfeld relevant. Bei steigender Forderung nach Individualisierbarkeit der mechanischen Fahrzeugumfänge ist es sinnvoll bestehende theoretische Ansätze aus der Wissenschaft und Softwareentwicklung zu betrachten. Im folgenden Abschnitt werden verschiedene Methoden zur Komplexitätsbeherrschung vorgestellt, wobei die Auswahl der Methoden keinen Anspruch auf Vollständigkeit hat.

1. QFD (Quality Function Deployment)

Die QFD-Methode hat ihren Ursprung in der qualitätsorientierten Produktkonzipierung. Mit Hilfe der „Quality Function Deployment"-Methode ist es möglich die Kundenanforderungen auf jede Produkteigenschaft herunterzubrechen. Durch die ausgeprägte Orientierung an den Kundenwünschen kann der Produktentstehungsprozess hinsichtlich der Produktqualität optimiert werden [16][14]. Zu Beginn werden alle globalen Kundenwünsche, welche aus einer Marktanalyse hervorgehen, beschrieben und mit Hilfe einer Matrix mit gezielt definierten Produkteigenschaften in Verbindung gesetzt. In dieser Matrix findet gleichzeitig eine Wertung der Wichtigkeit einer Produktfunktion bezüglich eines Kundenwunsches statt. In Abbildung 3.3 ist der Grundaufbau dieser Matrix beispielhaft dargestellt.

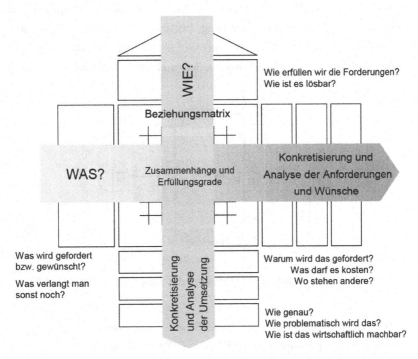

Abbildung 3.3: „House of Quality"- Arbeitsschema der QFD-Methode [14, S. 32]

Diese Matrix kann um zusätzliche Dimensionen erweitert werden, indem neben oder unter dieser Matrix weitere Matrizen beschrieben werden. So ist es beispielsweise möglich den Einfluss bestimmter Produkteigenschaften mit möglichen Qualitätsansprüchen oder Fertigungsprozessen in Verbindung zu bringen. Dies hat zur Folge, dass die für die QFD-Methode zentralen Fragen „WAS will der Kunde?" und „WIE wird es im Produkt umgesetzt?" über den gesamten Produktentstehungsprozess bis hin zur Qualitätssicherung im Vordergrund stehen. Für ein erfolgreiches Durchführen der QFD-Methode ist ein Team mit Mitarbeitern aus jedem Unternehmensbereich notwendig (inklusive Konstruktion, Marketing, Produktion und Qualitätssicherung). Als Nachteil dieser Methode kann das erforderliche Fachwissen aus jedem Bereich der Produktentstehung betrachten werden. Dieses liegt entweder in sehr frühen Phasen nur unvollständig und ungenau vor oder der Aufwand dieses in der gefoderten Detaillierung zu beschaffen ist zu hoch. Aus diesem Grund eignet sich die Methode weniger zur Darstellung der Zusammenhänge produktionstechnischer Informationen im Fahrwerk.

2. CPM (Critical Path Method)

Die Methode des kritischen Pfades ist eine der bekanntesten Methoden der sogenannten Netzplantechnik, bei der Beziehungen zwischen verschiedenen Arbeitsschritten mit Hilfe von Blöcken und Pfeilen dargestellt werden [116, S. 73]. Als Netzplantechnik werden „alle Verfahren zur Analyse, Beschreibung, Planung, Steuerung, Überwachung von Abläufen auf der Grundlage der Graphentheorie [...]" bezeichnet [30]. Jeder Block stellt einen Arbeitsschritt dar (siehe Abbildung 3.4) und jeder Pfeil eine Anordnungsbeziehung.

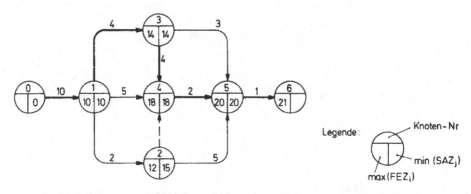

Abbildung 3.4: Prinzipdarstellung der CPM [117, S. 22]

Den Arbeitsschritten können zusätzliche Informationen, wie z.B. eine minimale und maximale Bearbeitungsdauer (FEZ - „Früheste Endezeit"/SAZ - „Späteste Anfangszeit"), zugeordnet werden. Das Aneinanderreihen und Kombinieren verschiedener Arbeitsschritte kann dazu führen, dass aufgrund ungünstiger Bearbeitungszeiträume unwirtschaftliche Pufferzeiten entstehen. Ziel der Methode des kritischen Pfades ist es, dass die Summe aller Pufferzeiten am Ende der Bearbeitungsfolge Null ist. Die Kombination von Arbeitsschritten mit der Pufferzeit Null wird als „kritischer Pfad" bezeichnet [117, S. 17 f.]. Vorteile dieser Methode sind die übersichtliche Darstellung von Abhängigkeiten und eine Minimierung der Projektdauer. Nachteile sind die Ungewissheit in der Zeitplanung ohne reale Referenzen bei neuartigen Arbeitsschritten und Abläufen.

3. PERT (Program Evaluation and Review Technique)

Die „program evaluation and review technique" ist ebenfalls eine Methode zur Darstellung von Abläufen und wird auch als Ereignisknoten-Netzplan [116, S. 73] bezeichnet. Die Methode „PERT" wird primär im Projektmanagement von neuartigen Projekten eingesetzt. Sie kann der ereignisorientierten Netzplantechnik zugeordnet werden und unterscheidet sich zur Methode des kritischen Pfades dahingehend, dass eine andere Methode zur Vorgangsdauerberechnung verwendet wird. Diese Methode wird bei Projekten eingesetzt, wo keine Erfahrungswerte für die Ablaufzeiten, beispielsweise auf Grundlage eines Vorgängerprojektes, existieren. Aus diesem Grund wird bei der Methode „PERT" eine Wahrscheinlichkeitsverteilung der Durchlaufzeiten verwendet und keine skalaren Größen. Diese Zeitermittlung wird auch als „Drei-Zeiten-Methode" oder „PERT-Schätzung" bezeichnet.

Die Methoden CPM und PERT haben den Vorteil, dass die Darstellung der Abhängigkeiten in einem Netzplan sehr übersichtlich ist. Eventuelle Probleme oder Fehler in der Anforderungskette können somit frühzeitig erkannt werden. Der Nachteil dieser Methoden ist, dass diese hauptsächlich zur Darstellung von Prozessabläufen oder Arbeitsfolgen verwendet werden können. Deshalb finden diese im betrachteten Themengebiet der produktionstechnischen Integration im Fahrwerk keine Anwendung.

4. MPM (Metra-Potential-Methode)

Die „Metra-Potential-Methode" ist ebenfalls eine Methode der Graphentheorie mit welcher Netzpläne berechnet werden können. Sie ist im Gegensatz zur „PERT" ein Vorgangsknoten-Netzplan und wurde 1958 von einer Beratungsfirma entwickelt, welche der METRA-Gruppe angehörte [60, S. 2]. Sie unterscheidet sich zur CPM darin, dass zwei Vorgänge durch zwei Pfeile miteinander verbunden werden können, wobei ein Pfeil den zeitlichen Minimal- und ein Pfeil den zeitlichen Maximalabstand abbildet. So kann es im Gegensatz zur CPM dazu führen, dass ein MPM-Netzplan Zyklen aufweist (Abbildung 3.5). Dies hat zur Folge, dass die MPM möglicherweise keinen eindeutigen Startvorgang aufweist, was die Zeit- und Kapazitätsberechnung deutlich erschwert. Ein weiterer Unterschied zur CPM ist, dass bei der MPM ein Vorgang als Knoten, bei der CPM jedoch als Pfeil, dargestellt wird.

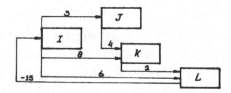

Abbildung 3.5: Prinzipdarstellung der MPM [60, S. 6]

5. DSM (Design Structure Matrix)

Die „Design Structure Matrix" ist eine Methode zur Darstellung von Beziehungen und Abhängigkeiten gleichartiger Elemente innerhalb einer Matrix [74, S. 50 f.]. Sie wird hauptsächlich zur Synthese und Analyse hochvernetzter Systeme angewendet und bietet gleichzeitig die Freiheit, verschiedene Arten von Systemen und Prozessen adäquat darzustellen [42]. Zur Erstellung einer DSM ist es notwendig sogenannte Leseregeln zu definieren, welche beispielsweise beschreiben, dass das Element einer Zeile einen Einfluss auf das Element einer Spalte hat. Es werden zwei Grundtypen der DSM unterschieden. Bei binären DSM wird dieser Einfluss ohne Gewichtung als „X" dargestellt, wobei bei numerischen DSM eine Gewichtung durch einen Faktor innerhalb einer Zelle erzielt wird (Abbildung 3.6).

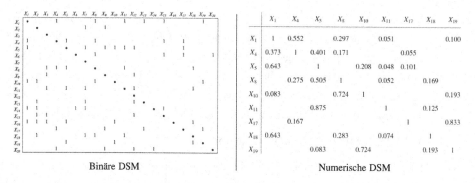

	X_1	X_4	X_5	X_8	X_{10}	X_{11}	X_{17}	X_{18}	X_{19}
X_1	1	0.552		0.297		0.051			0.100
X_4	0.373	1	0.401	0.171			0.055		
X_5	0.643		1		0.208	0.048	0.101		
X_8		0.275	0.505	1		0.052		0.169	
X_{10}	0.083			0.724	1				0.193
X_{11}			0.875			1		0.125	
X_{17}		0.167					1		0.833
X_{18}	0.643			0.283		0.074		1	
X_{19}			0.083		0.724			0.193	1

Binäre DSM   Numerische DSM

Abbildung 3.6: Gegenüberstellung binäre und numerische DSM [21, S. 450 f.]

Im Gegensatz zu den bereits beschriebenen Methoden handelt es sich bei der DSM nicht direkt um eine Methode der Netzplantechnik. Allerdings ist es möglich die Inhalte der DSM mithilfe anderer Methoden als Graph oder Netzplan darzustellen. Auch in der Aufgabenplanung verschiedener Personen kann die DSM-Methode eingesetzt werden [37]. Sie eignet sich besonders gut um gleichartige Domänen miteinander in Beziehung zu setzen und wird deshalb für die Darstellung der Anforderungssituation mit Fokus auf die produktionstechnische Integration im Fahrwerk angewendet.

6. DMM / MDM (Domain Mapping Matrix / Multiple-Domain Matrix)

Die „Domain Mapping Matrix" ist ähnlich der DSM eine matrixbasierende Methode zur Darstellung von Einflüssen und Abhängigkeiten. Sie bietet allerdings den Vorteil, dass innerhalb einer Matrix auch Elemente unterschiedlicher Art in Beziehung gesetzt werden können [26][74, S. 54 f.]. Da die DMM in Aufbau und Verwendung mit der DSM vergleichbar ist, können die Grundlagen der DSM bei der DMM nicht vernachlässigt werden. Die Kombination beider Methoden stellt die „Multiple-Domain Matrix" dar [74, S. 56 f.]. Sie verbindet DSM und DMM in einer übergeordneten Matrix und macht die Analyse unterschiedlicher Domänen (Arten von Elementen) möglich (Abbildung 3.7).

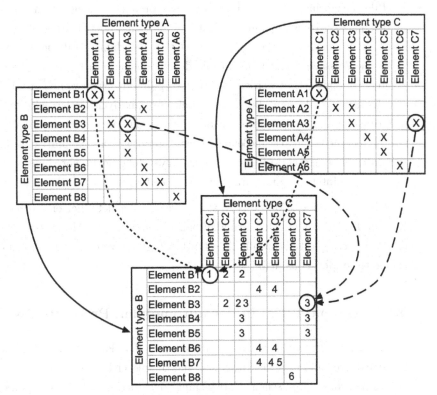

Abbildung 3.7: Prinzipdarstellung der MDM [113]

Mit dieser Methode ist es möglich, nahezu alle Arten von Domänen miteinander in Beziehung zu setzen. Dies ist besonders für die Anforderungssituation der produktionstechnischen Integration in frühen Entwicklungsphasen von Vorteil, da hier mehrere verschiedenartige Elemente Einflüsse aufeinander ausüben. In Kapitel 4 wird die Anwendung dieser Methode in Bezug auf das Forschungsthema detailliert erläutert.

7. Mixed Methods

Beim „Mixed-Methods"-Ansatz werden quantitative und qualitative Forschungsstrategien wissenschaftstheoretisch so miteinander verzahnt, dass die Vorteile der jeweiligen Einzelmethoden genutzt werden. Dabei sollen die Nachteile der jeweiligen Methoden minimiert werden [69]. Johnson u. a. [57] definierte hierfür das aktuell geltende Verständnis dieses Ansatzes. Das „Mixed-Methods-Design" kann auf Grundlage der Abfolge von quantitativer und qualitativer Forschungsstrategie in vier Haupttypen unterteilt werden [25]. Das Verwenden unterschiedlicher Forschungsstrategien innerhalb einer Studie bezeichnet man im Allgemeinen auch als Triangulation. Aus diesem Grund heißt die allgemeine Form des Mixed-Methods-Ansatzes „Triangulationsdesign". Hierbei werden quantitative und qualitative Daten verbunden, wobei die Reihenfolge keine Rolle spielt. Beim „eingebetteten Design" steht eine Forschungsstrategie im Vordergrund, wobei die Aussagefähigkeit der Studie durch eingebettete Forschungsmethoden der zweiten Strategie erhöht werden soll. Haupttyp drei und vier werden als „Explanatives und Exploratives Design" bezeichnet. Beim explanativen Design wird zunächst mit quantitativen und im Anschluss mit qualitativen Methoden der Sachverhalt untersucht (z.B.: Experiment und anschließendes offenes Interview). Das explorative Design zeichnet sich durch die umgekehrte Reihenfolge der Anwendung beider Forschungsstrategien aus (z.B.: offenes Interview und daraus entwickelter Fragebogen).

Eine Form des Mixed-Methods-Ansatzes wird in der detaillierten Prozessanalyse in Kapitel 4 angewendet. Der Grundaufbau des generischen Modells zur Darstellung der Anforderungssituation aus Abschnitt 4.2 ist im Wechsel aus explanativen und explorativen Methoden definiert.

3.1.3 Anwendungen in der automobilen Produktentwicklung

Während der Entwicklung von Fahrzeugen oder Fahrzeugfamilien werden die Konstrukteure und Entwickler regelmäßig mit komplexen Problemstellungen konfrontiert. Sei es bei der technischen Entwicklung der mechanischen Komponenten oder der Auslegung von Regelarchitekturen von Fahrerassistenzsystemen. Gerade durch die drei Megatrends der Automobilindustrie [105] werden Lösungen für komplexe Problemstellungen für die praktische Anwendung in der Industrie zunehmend interessant. Eversheim [38] erklärt, dass die Beherrschung der Komplexität in Zukunft einen signifikanten Wettbewerbsvorteil bringen kann und ein Enabler für neuartige Technologien ist.

Abgeschlossene Forschungsarbeiten für komplexe Systeme oder Problemstellungen in der Automobilindustrie sind beispielsweise die Arbeiten von Deubzer [28], Maurer [77], Pulm

[86] oder Beckmann [6]. Auch im Zusammenspiel zwischen Produkt und Produktion sind im Rahmen der Antriebstechnologie Komplexitätsmanagementsysteme implementiert [55, S. 26 f.].

Deubzer [28] wendete verschiedene Methoden an um die Komplexität in der frühen Entwicklungsphase einer Antriebsarchitektur zu beherrschen. Er teilte die Anforderungen in kundenspezifisch, funktional und leistungsspezifisch auf und brachte diese mit einer Multiple-Domain-Matrix mit den Komponenten und Funktionen in Verbindung. Eines seiner Ziele war es den Freiheitsgrad für die technische Umsetzung durch Abbilden der Zusammenhänge zu erhöhen und damit eventuell ungenutzte Potentiale im Produktkonzept aufzuzeigen.

Maurer [77] hatte bereits 2007 die Design Structure Matrix genutzt um die strukturellen Zusammenhänge eines Antriebsstranges darzustellen. Er erweiterte diesen Ansatz um die Methode der Multiple-Domain-Matrix um Komponenten, Personen, Daten, Prozesse und Meilensteine in Verbindung zu setzen. Des Weiteren beschrieb er Ansätze um implizites Wissen aus den gegebenen expliziten Informationen abzuleiten.

Beckmann [6] bearbeitete primär organisatorische und prozessuale Zusammenhänge in der Automobilindustrie. Er entwickelte eine Methode, mit der die Beziehungen und Informationsflüsse im „Wettbewerb der Wertschöpfungsketten" analysiert und verbessert werden können. Dabei bedient er sich einer Vielzahl von Prozessmodellen und Modellierungsmethoden, welche sich teilweise auf hier vorgestellte Methoden zurückführen lassen.

Lindemann [73] beschreibt ebenfalls ein themennahes Gebiet indem er sich der Fragestellung um die Entwicklung, Produktion und Bereitstellung variantenreicher Produkte nähert. Dabei spielt der Faktor Individualisierung im Rahmen ihrer Wertschöpfungsprozesse eine zentrale Rolle. Er vergleicht unter anderem die Darstellungsformen matrizen- oder graphenorientierter Einflüsse [73, S. 50].

Aufgrund der fahrzeugübergreifenden Kommunalitätsbestrebungen werden in der Automobilindustrie häufig Baukästen entwickelt. Dies wird besonders in Bereichen des Fahrzeuges gefördert, die nicht in direktem Kundenkontakt stehen. Dem stehen wiederum Ansätze für die angenommene maximale Individualisierbarkeit der Produkte als Folge der Kundenwünsche entgegen. Renner [88] hat für Baukastenentwicklung das „Vier-Säulen-Modell" entwickelt. Dabei werden zunächst alle Anforderungen an das Produkt beschrieben und in Funktionen für Komponenten und Baugruppen übersetzt. Anschließend werden passende Wirkprinzipien ausgewählt und Lösungen für die technische Umsetzung vorgestellt. Diese Vorgehensweise wird auch als funktionsorientierte Entwicklung beschrieben [88, S. 122 f.].

Pulm [86] beschäftigt sich mit der systemtheoretischen Betrachtung der Produktentwicklung und verdeutlicht dies an einem Beispiel der Automobilindustrie. Die entwickelte Methode dient primär der Beherrschung struktureller Komplexität. Er wendet für die Darstellung der Elemente (Komponenten) und Beziehungen (Verbindungen) matrix- und graphenorientierte Methoden an.

3.2 Ablauf der automobilen Produktentwicklung

Die Entwicklung moderner Kraftfahrzeuge ist eine der umfangreichsten und komplexesten in der technischen Produktentwicklung. Aufgrund der zunehmenden Fahrzeugvielfalt und immer umfangreicheren Regulatorik steigen die entwicklungsseitigen Aufwände fortlaufend. Um den Ablauf des aktuell in der Praxis angewendeten Entwicklungsprozess zu verdeutlichen, wird die Entwicklung einer Fahrzeugfamilie mit zwei Derivaten beispielhaft herangezogen (Abbildung 3.8). Üblicherweise haben aktuelle Architekturen mehr als zehn Derivate.

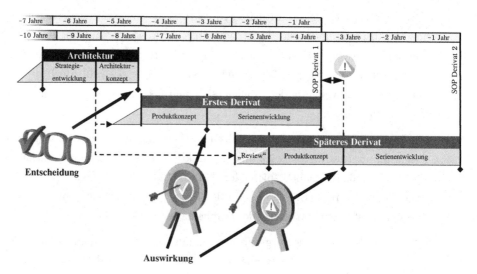

Abbildung 3.8: Schematischer Ablauf des Entwicklungsprozesses am Beispiel einer Fahrzeugarchitektur[2]

Ein Produktentwicklungsprozess der Automobilindustrie wird allgemein in die Architekturentwicklung und Derivatentwicklung unterteilt. Die Derivatentwicklung ist wiederum in die zeitlich vorgeschaltete Konzeptentwicklung und die spätere Serienentwicklung aufgeteilt. Vereinfacht kann definiert werden, dass der Übergang

---

[2]   Abbildung nach Leistner u. a. [71] auf Grundlage Weber [109, S. 9]

von Konzept- auf Serienentwicklung der Zeitpunkt des Vorliegens der Lasten- und Pflichtenhefte aller Komponenten und Teilsysteme ist. Dieser Zeitraum liegt je nach Komponente oder System bei circa zwei bis drei Jahren vor Produktionsbeginn (Start of Production - SOP). In der Derivatentwicklung werden alle Umfänge in Bezug auf ein Fahrzeug oder unter Umständen in Bezug auf eine Antriebstechnologie zur Serienreife entwickelt.

Um kostengünstige und kommunale Teilsysteme zu entwickeln, wird im Rahmen der Architekturentwicklungsphase jedes Derivat gleichzeitig, jedoch in geringerer Konzeptreife betrachtet. Dies ist notwendig um möglichst viele Gleichteile bei unterschiedlichen Fahrzeugeigenschaften zu generieren. Besonders im Fahrwerk ist dieses Bestreben sehr ausgeprägt, da nahezu alle Komponenten sicherheitsrelevante Bauteile sind und dementsprechend aufwändig abgesichert werden müssen. Die Architekturentwicklungsphase kann wiederum in die Strategieentwicklung und die Architekturkonzeptphase unterteilt werden. In der Strategieentwicklung werden globale Kundenanalysen und zukünftige Standortplanungen zusammengetragen, um daraus ein optimales Produktportfolio zu generieren. Dabei werden bewusst konkurrierende Anforderungen an das Produkt gesetzt um die Weiterentwicklung der Komponenten und Systeme zu fördern. Anschließend werden alle Derivate im Rahmen des Architekturkonzeptes detailliert und entworfen. Da die einzelnen Fahrzeuge einer Architektur mit deutlich zeitlichem Versatz auf den Markt kommen (nach Abbildung 3.8 circa drei Jahre), kann dieses detaillieren bei einigen Fahrzeugen acht bis zehn Jahre vor SOP liegen. Aus diesem Grund wird vor der Konzeptentwicklung der späteren Derivate nochmals ein Anforderungsreview durchgeführt. So kann sichergestellt werden, dass die Anforderungen noch immer zeitgemäß sind und dem Kundenwunsch entsprechen.

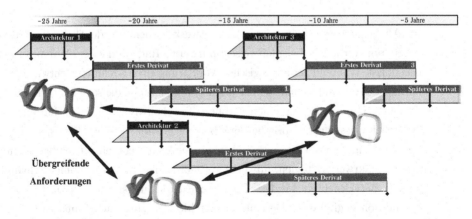

Abbildung 3.9: Entwicklungsprozesse für mehrere Fahrzeugarchitekturen[3]

Des Weiteren werden in großen Automobilunternehmen mehrere Fahrzeugarchitekturen gleichzeitig entwickelt. Dies potenziert die dynamische Komplexität, da auch parallellaufende gleichartige Fahrzeugfamilien und sich ablösende aber überlappende Architekturen betrachtet werden müssen (Abbildung 3.9). Besonders für die Integration neuer Fahrzeugkonzepte in bestehende Montagewerke ist diese Überlappung eine Herausforderung. Durch den Zeitraum der parallelen Fertigung von Vorgänger- und Nachfolgearchitektur kann aus Gründen der Aufrechterhaltung von Prozesssicherheit und Qualität der Lösungsraum neuer Konzepte eingeschränkt sein.

Da die Architekturentwicklung teilweise zehn Jahre vor SOP stattfindet, ist es zwangsläufig notwendig auf virtuelle Entwicklungsmethoden zurückzugreifen. Auch die hohe notwendige Anzahl an Designschleifen und Iterationen macht es unmöglich diese Komplexität mit Hardwareversuchen abzusichern. Besonders die architekturrelevanten Schnittstellen weisen hohe produktionstechnische Anforderungen auf, weshalb auch diese Untersuchungen bereits frühzeitig durchgeführt werden müssen [27]. Dabei ist der Wunsch nach Effizienz und Genauigkeit nur durch virtuelle Simulationen und einen hohen Automatisierungsgrad zu erfüllen. In den nachfolgenden Abschnitten werden ausgewählte virtuelle Entwicklungsmethoden für die Fahrwerkentwicklung und Integration der Produktion vorgestellt. Die Bewertung der Vorteile und Potentiale dieser Methoden dient als Grundlage für die Formulierung des Handlungsbedarfes dieser Arbeit.

3.3 Virtuelle Fahrwerkentwicklung in der frühen Phase

Im Allgemeinen wird die virtuelle Fahrwerkentwicklung deutlich von Gesamtfahrzeugparametern, wie beispielsweise Spurweite, Radstand oder Aufbauschwerpunkt, beeinflusst. Während der strategischen Vorklärung einer Architekturentwicklung werden für alle Derivate auf Grundlage der jeweiligen Zielgruppe die sogenannten Fahrzeuggene definiert. Darin sind zu einem großen Teil Fahrdynamikeigenschaften enthalten. Zusätzlich müssen regulatorische Vorgaben eingehalten werden. Diese sind zum Beispiel Radabdeckungsvorschriften oder Höhenstände. Auch eventuell notwendige Redundanzen in den Fahrwerksystemen für hochautomatisierte und autonome Fahrfunktionen müssen berücksichtigt werden. Da diese Entwicklungsphase bis zu zehn Jahre vor Produktionsbeginn eines Derivats der Architektur stattfindet, müssen dahingehende Untersuchungen virtuell durchgeführt werden.

---

[3]   Abbildung nach Leistner u. a. [71] auf Grundlage Weber [109, S. 9]

Im Rahmen der virtuellen Fahrwerkentwicklung gibt es eine Vielzahl von rechnergestützten Entwicklungsmethoden. In diesem Abschnitt werden ausgewählte Methoden vorgestellt. Im Fokus stehen Methoden für die Integration von Komponenten im Achssystem und weniger Methoden zur Entwicklung der Einzelkomponenten. Für Integrationsaufgaben steht das CAD-Modell im Mittelpunkt (Abbildung 3.10). Dieser Stand der Technik wird auch in anderen Bereichen der Fahrzeugentwicklung angewendet [68].

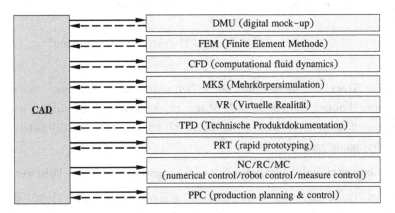

Abbildung 3.10: CAD-System als Informationsquelle von Folgeprozessen [51, S. 35]

In Bezug auf den Produktentwicklungsprozess gibt es hierfür analog der Simultaneous-Engineering-Arbeitsweise definierte Meilensteine zu denen CAD-Modelle von Komponenten und Baugruppen in einem PDM-System[4] bereitgestellt werden müssen. Grundlage hierfür sind die sogenannten virtuellen Baugruppen (Abbildung 3.11). Zum Abschluss einer virtuellen Baugruppe muss jede Komponente in einem stimmigen Konzept vorliegen. Der Reifegrad der vorliegenden Daten ist von der Entwicklungsphase abhängig und ist in früheren Phasen geringer als in der Serienentwicklungsphase.

---

[4]   PDM - Produkt Daten Management

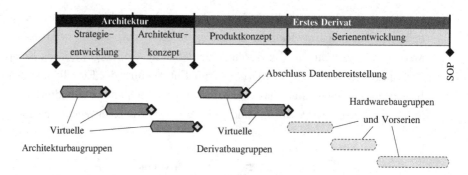

Abbildung 3.11: Virtuelle Baugruppen[5]

Die Abschlüsse dienen dazu die in den unterschiedlichen Entwicklungsprozessen und -umgebungen ablaufenden Arbeiten zu definierten Zeitpunkten zusammenzufassen. Damit werden die Ergebnisse dieser Einzelprozesse allen Schnittstellenpartnern zur Verfügung gestellt.

Geometrienahe virtuelle Entwicklungsmethoden im Fahrwerk

Als Grundlage der geometrischen Fahrwerkgestaltung steht ein kinematischer Mechanismus der Achse als Startmodell zur Verfügung. Dabei existiert für jedes Achsprinzip ein eigenes Template, welches alle notwendigen Komponenten in generischer Form als Linien-Modelle und die Verbindungsinformationen zwischen den Komponenten beinhaltet [65, S. 23]. Somit beschreibt jedes Kinematikmodell ein Mengengerüst an Komponenten, die für einen kinematisch bestimmten Mechanismus notwendig sind. Über die Positionierung der Verbindungstellen, auch Kinematikpunkte genannt, wird die Radführung und somit grundlegend das Fahrverhalten beschrieben.

---

[5] Virtuelle Baugruppen (Abschluss Datenbereitstellung) ähnlich Braess u. a. [13, S. 1160] und Weller u. a. [110, S. 1452]

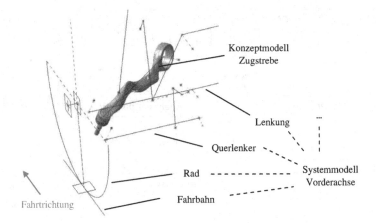

Abbildung 3.12: Achskinematik als Systemmodell und Komponentengeometrie als Konzeptmodell [65, S. 23]

Um den geometrischen Einfluss der einzelnen Komponenten zu berücksichtigen werden vollparametrische Konzeptmodelle der einzelnen Bauteile mit den Komponenten der Achskinematik verknüpft. Dabei existieren wiederum für verschiedene konstruktive Ausführungen der Bauteile unterschiedliche Konzeptmodelle. Beispielsweise kann ein Zweipunktlenker als Schmiedeteil oder Blechbiegeteil ausgeführt werden. Die Konzeptmodelle für die geometrische Konstruktion sind aufgrund der unterschiedlichen Gestalt und Fertigungsverfahren verschieden. Der generische Modellaufbau und die Anschlussgeometrie für die Verlinkung zur Achskinematik sind wiederum gleich. Somit kann ein Lenker ohne großen Aufwand im Achsverbund ausgetauscht werden und dennoch über Federn und Lenken auf geometrische Freigängigkeit untersucht werden [78, S. 10]. Des Weiteren kann die Komponente auch achsprinzipübergreifend verwendet werden. Dies ist beispielsweise bei einer Zustrebe der Fall. Diese kann sowohl in einer Doppelquerlenkerachse, als auch in einer Mc-Pherson-Achse mit jeweils aufgelöster unterer Lenkerebene verwendet werden.

Zum Abschluss der ersten virtuellen Architekturbaugruppen muss ein stimmiges Konzept über eine umfangreiche Fahrwerkfamilie geliefert werden. Hierfür hat Böttrich [12] auf dieser Grundlage einen CAD-basierten RKP-Ansatz[6] entwickelt. Dabei wird mit Hilfe von CAD-Ersatzmodellen die schnelle Iteration zur Optimierung von funktionalen Eigenschaften mit Geometriebezug ermöglicht. Diese funktionalen Eigenschaften sind primär kinematische Kennwerte der Achsgeometrie und können mit einer Integrierten Analysefunktion direkt während der Auslegung überprüft werden (Abbildung 3.13).

---

[6]   RKP - Rechnergestützte Konzeptgestaltung von Produktfamilien

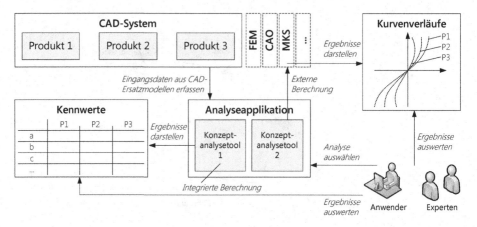

Abbildung 3.13: Analysefunktionen für funktionale Eigenschaften innerhalb der Methode nach Böttrich [12, S. 112]

Dabei können für verschiedene Achsprinzipien mehrere Szenarien für Gleich- und Synergieteilverwendungen untersucht werden, wobei allerdings bisher keine montagerelevanten Eigenschaften der Achsen betrachtet werden.

Ein weiterer Ansatz für die geometrische Integration von Fahrwerkkomponenten ab der frühen Entwicklungsphase ist die Untersuchung von geometrischen Auslegungspotentialen nach Kokot [65]. Mit Hilfe eines DMU-Ansatzes[7] wird der Einfluss von kinematischen und elastokinematischen Bewegungen auf den verfügbaren Fahrwerkbauraum untersucht. Die ausgewiesenen Potentiale der geforderten Mindestabstände der Einzelkomponenten sind hinsichtlich verschiedener Effekte im Betriebszustand bewertet. Mit Hilfe der Methode können auch Abschätzungen bezüglich der Bauteildeformationen getroffen werden. Da der Ansatz direkt im CAD-System implementiert wird, kann die Effizienz im Entwicklungsprozess aufgrund der kurzen Iterationsschleifen bei der Komponentengestaltung gesteigert werden. Im dargestellten Beispiel wird der notwendige Mindestabstand zwischen Reifen und Zugstrebe untersucht (Abbildung 3.14). Aufgrund der Reifendeformation kann eine Anpassung der Zugstrebengeometrie notwendig sein und direkt während der Untersuchung im CAD durchgeführt werden. Diese Reifendeformation ergibt sich aus verschiedenen Kräften, welche in Folge von bestimmten Betriebszuständen auf den Reifen wirken. Allerdings sind auch bei diesem Ansatz bislang keine produktionstechnischen Anforderungen betrachtet worden.

---

[7]   DMU - Digital Mock-Up (Digitales Abbild)

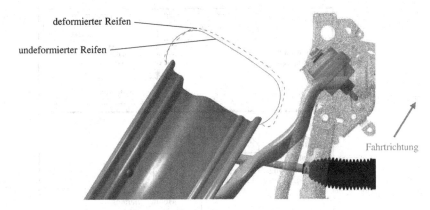

deformierter Reifen

undeformierter Reifen

Fahrtrichtung

Abbildung 3.14: Geometrische Integration von Achskomponenten mit Berücksichtigung
der Reifendeformation [65, S. 70]

3.4 Integration der Produktionstechnik

Im Rahmen der Produkt- und Prozessentwicklung existieren verschiedene virtuelle
Ansätze zur Absicherung und Integration von produktionstechnischen Belangen.
In diesem Abschnitt werden Methoden und Ansätze vorgestellt mit denen
Produktionsstrukturen und Anlagen entwickelt werden können. Produktionsanlagen
werden ebenfalls nach einem definierten Entwicklungsprozess entwickelt. Dieser sollte
optimaler Weise mit dem Produktentwicklungsprozess abgestimmt sein. Als Grundlage
dient in der Regel ein bestehendes Produktkonzept. Nach Ponn u. a. [83, S. 235] lässt sich
„Ein Produkt [..] auf Funktionsebene nur eingeschränkt bezüglich der Montageeignung
beurteilen, da hierfür Aussagen zur Produktgestalt (Anzahl und Form von Bauteilen
und deren Verbindungsstellen) erforderlich sind."

Im Laufe der Zeit haben sich verschiedene Planungsansätze etabliert. Eine parallele
Vorgehensweise bei Konstruktion und Montageplanung bietet nach Jonas u. a.
[58] deutliche Vorteile gegenüber einer sequentielle Abfolge. Die Begründung liegt
in den eingeplanten Informationsrückflüssen, welche aus dem Erkenntnisgewinn
der Montageplanung resultieren. Der daraus resultierende Mehraufwand in der
Konstruktionsphase kann durch die deutliche Überlappung mit der Montageplanung in
Bezug zur Gesamtentwicklungsdauer aufgewogen werden.

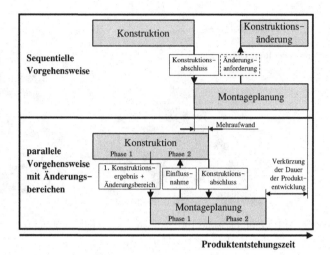

Abbildung 3.15: Gegenüberstellung paralleler und sequentieller Konstruktion und Montageplanung[8]

Des Weiteren können eventuell notwendige Konstruktionsänderungen häufig nicht mehr mit wirtschaftlich vertretbarem Aufwand in das Bauteil einfließen. Um den Planungsprozess zu unterstützen definiert Rudolf [91] eine Datenstruktur, welche es ermöglicht auch die Montage und die Fertigung komplexer Produkte übergreifend zu planen. Das Datenmodell orientiert sich dabei an dem von Feldmann [39] und Steinwasser [100] und weißt eine Aufteilung in drei Hauptklassen auf. Dabei wird nach Produkt, Prozess und Ressource unterschieden (Abbildung 3.16).

---

[8]   Rudolf [91, S. 59] auf Grundlage Jonas u. a. [58]

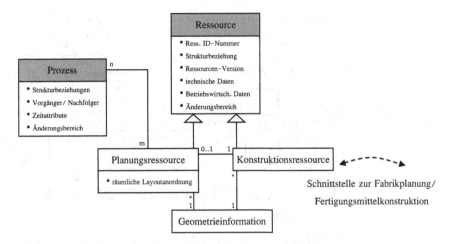

Abbildung 3.16: Verknüpfung von Produkt, Produktion und Ressource nach Jonas u. a. [58][9]

Rudolf [91] beschreibt wiederum, dass die Anwendung dieses Modells kein durchgängiges Wissensmanagement beinhaltet und somit vom Planer als Einzelperson abhängig ist. Dieses Problem wird durch die Einbindung des Datenmodells in ein wissensbasiertes System namens „GenPlanner" gelöst. Nach eigener Angabe ist es allerdings nicht möglich, bzw. vorgesehen, dieses System mit einem CAD-System zu verknüpfen. Dies widerspricht wiederum dem eingangs erläuterten Ansätzen der Produktentwicklung.

Da Produktgestaltung und Prozessgestaltung zeitlich gleichzeitig und verknüpft ablaufen müssen, beschreibt auch Eversheim [38] im Konzept für Produkt- und Produktionsprozessgestaltung (Abbildung 3.17). Ein Schlüsselelement ist dabei die organisatorische Struktur der beteiligten Personen. Dabei stellt die frühzeitige Auswahl des Fertigungsverfahrens unter anderem das größte Kostensenkungspotential dar. Er kritisiert jedoch, dass in vielen Unternehmen mit der Implementierung einer Prozessdokumentation die Umsetzung der integrierten Produkt- und Prozessgestaltung als erfolgreich gilt. In der Praxis bestünde allerdings noch deutlicher Handlungsbedarf im Rahmen der unternehmensweiten Abstimmung.

---

[9] Das vorgestellte Datenmodell geht grundlegend auf die Datenmodelle von Feldmann [39] und Steinwasser [100] zurück.

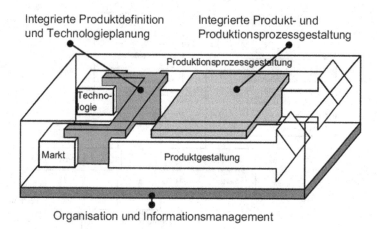

Abbildung 3.17: Konzept für Produkt- und Produktionsprozessgestaltung nach Eversheim [38, S. 11]

Geometrieorientierte virtuelle Produktionsentwicklungsmethoden

Um die Nutzung der Vorteile einer geometrienahen Entwicklung hervorzuheben, werden nun ausgewählte geometrienahe virtuelle Produktions- und Montageplanungsansätze vorgestellt. Resch u. a. [89] nutzt diesen Vorteil im Rahmen der automatisierten Absicherung von Verbindungen. Dabei verbindet er direkt im CAD-System die Prozessinformation und das Montagewerkzeug mit der Produktgeometrie. Als Grundlage dient ein Set von generischen Verbindungen, welche über eine standardisierte Identifikationsnummer mit der Lageinformation und Orientierung der einzelnen geometrischen Elemente verbunden werden (Abbildung 3.18).

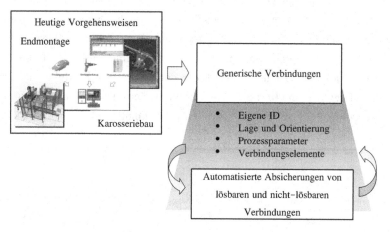

Abbildung 3.18: Konzept für automatisierte Absicherung von Verbindungsstellen im Karosseriebau nach Resch u. a. [89, S. 170]

42

Dieser Ansatz der automatisierten geometrischen Absicherung ist mit dem Ansatz der „modularisierten Produktion" nach Walla u. a. [108] aufgegriffen und erweitert worden. Im Rahmen der modularisierten Produktion dient nicht nur die Verbindungsstelle, sondern auch der Prozessschritt als Referenz. Dabei können verschiedene Verbindungstypen durch unterschiedliche Produktionsmodule erzeugt werden. Das Aneinanderketten verschiedener Module entspricht einer Montagereihenfolge (Abbildung 3.19). Jedem Modul kann dabei eine Vielzahl von Informationen beigefügt werden. Diese sind zum Beispiel Bauteilgeometrie, Prozessdauer oder Toleranzen. Die gesamte modulare Produktion wird anschließend in Form der Produktstruktur ausgeleitet. Über diese Ausleitung kann der Einfluss der Produktionsstruktur auf die Produktgestalt dargestellt werden und gegebenenfalls eine Validierung der Konstruktion durchgeführt werden. Der betrachtete Anwendungsfall ist ebenfalls der Karosserierohbau, wobei die Anwendbarkeit der Methode in anderen fahrzeugtechnischen Produktbereichen noch zu untersuchen ist.

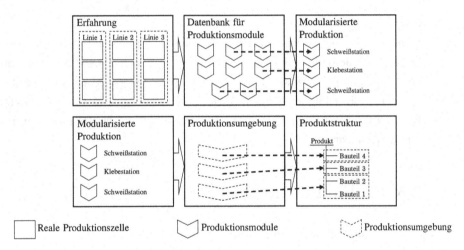

Abbildung 3.19: Konzept der modularisierten Produktionstechnik nach Walla u. a. [108, S. 3,4]

Mikchevitch u. a. [79] beschreibt einige Handlungsbedarfe hinsichtlich der automatisierten Absicherung im Rahmen der fertigungsgerechten Produktgestaltung. Hierfür betrachtet er unter anderem die noch immer in Hardwareversuchen ablaufende Absicherung von eindimensional-flexiblen Bauteilen. Für die virtuelle Montageabsicherung von Schläuchen und Leitungen sei es notwendig neue Berechnungsmethoden zu entwickeln. Diese Problemstellung greift Hofheinz u. a. [52] mit seiner Arbeit „Simulationsgestützte Methoden und Tools für die virtuelle Absicherung flexibler Bauteile in der Automobilentwicklung" auf. Dabei prüft er die Implementierung neuartiger Simulationsmethoden in bestehenden Entwicklungsprozessen der Automobilindustrie. Als Anwendungsgebiet dient unter anderem die Absicherung von Bremsschläuchen im Fahrwerk in Betriebs- und Montagezuständen (Abbildung 3.20).

Abbildung 3.20: Konzept die virtuelle Absicherung von biegeschlaffen Bauteilen nach Hofheinz u. a. [52, S. 3]

Ferner beschreiben Wack u. a. [107] Grenzen des Trends der digitalen Absicherung. Dabei wird besonders die Genauigkeit der virtuellen Darstellung von manuellen Montagevorgängen kritisiert. Der Einfluss personenbezogener Montageabläufe ist häufig nur aufwendig abzubilden. Auch weisen bestehende Methoden hinsichtlich der Effizienz der Modellerstellung große Potentiale auf, da das Digitalisieren manueller Fügebewegungen sehr aufwendig ist.

3.5 Problemstellung

Wissenschaftlicher Erkenntnisgewinn

Der aktuell vorliegende Stand des Wissens zeigt, das bereits mehrere Ansätze für die montagegerechte Produktgestaltung existieren. Das Problem bei den Ansätzen für die Integration der Produktionstechnik besteht jedoch darin, dass viele von einem bereits fertig entwickelten Produkt ausgehen. Da die entwickelte Methodik jedoch während der Produktgestaltung angewendet werden soll, sind diese Ansätze nicht zielführend. Auch bestehende Methoden für Kundendienstuntersuchungen sind zeitlich deutlich zu spät im Entwicklungsprozess implementiert [13, S. 1209]. Auch Albers u. a. [1, S. 143] beschreiben, dass der gesamte Entwicklungsprozess umso effizienter ist, „je früher die Fertigungsaspekte in die Gestaltungskonzepte einbezogen werden".

Ferner wurden Methoden vorgestellt, die bereits während der Produktentwicklung starten. Hier besteht allerdings das Problem, dass diese nicht durchgängig im CAD-System implementierbar sind. Dass dies wiederum notwendig ist, wurde eingangs

44

hergeleitet. Bezugnehmend auf die Integration der Produktionstechnik für den Anwendungsfall der Fahrwerkentwicklung wird deutlich, dass derzeit keine derartigen wissenschaftlichen Methoden existieren oder veröffentlicht wurden.

Entwicklungsseitige Ansätze für die Entwicklung von Fahrwerken weisen wiederum kaum Vorhalte für die Montierbarkeit auf. Im Rahmen der Einzelteilentwicklung existieren Ansätze um fertigungsbedingte Werkzeugvorhalte konstruktiv in die Komponenten einfließen zu lassen. Da aufgrund des kinematischen Mechanismus besonders im Fahrwerk komplexe Bewegungszustände der Komponenten zueinander vorliegen, ist es nicht ausreichend ausschließlich die Komponentenfertigung zu betrachten. Bestehende DFMA-Ansätze[10] fördern zwar aus technischer Sicht die Herstellbarkeit, jedoch werden dabei kaum organisatorische und prozessuale Randbedingungen betrachtet [11, S. 6].

Auch hinsichtlich der Anforderungssituation existiert derzeit kein strukturiertes und ganzheitliches Bild für die produktionstechnische Integration von Fahrwerken. Um hierfür eine generische Darstellungsform zu finden, muss eine detaillierte Analyse der bestehenden technischen, organisatorischen und prozessualen Zusammenhänge durchgeführt werden. Dabei ist besonders zu fokusieren, welche Informationen beteiligte Rollen im Entwicklungsprozess benötigen und liefern können. Auch die Detaillierung der Informationen sollte phasengerecht definiert sein. Eine detaillierte Darstellung aller notwendigen Informationen für die Untersuchung der Montagefähigkeit von Fahrwerken existiert nicht.

Zusammenfassend kann verdeutlicht werden, dass für die virtuelle Integration von Fahrwerken im Rahmen der industriellen Montage keine praktisch anwendbaren Methoden existieren. Es ist jedoch möglich bestehende Ansätze für die praxistaugliche Anwendung anzupassen und im Rahmen der fokussierten Anwendung zu kombinieren.

Praktischer Handlungsbedarf bei bestehenden Entwicklungsmethoden

Auf Grundlage des wissenschaftlichen Erkenntnisgewinns ergibt sich ein umfassender Handlungsbedarf für das bearbeitete Themengebiet. Um bereits in der frühen Entwicklungsphase ein Optimum aus Produktgestaltung und Produktionsprozess zu finden sind folgende Handlungsbedarfe definiert.

---

[10]   DFMA - Design for Manufacturing and Assembly

Anforderungen:

Es ist notwendig bestehende produktionstechnische Anforderungen an das Fahrwerk zu untersuchen. Resultierend aus dieser Analyse soll eine Generik entwickelt werden, mit welcher es möglich ist diese phasengerechten Anforderungen auf die jeweiligen Umfänge herunterzubrechen. Dabei stehen sowohl entwicklungsseitige, als auch produktionsseitige Informationen im Fokus, welche für eine Untersuchung der Montagefähigkeit notwendig sind.

Des Weiteren soll ein Modell aufgebaut werden, mit dem es möglich ist, späte Änderungen am Produktkonzept aufgrund produktionstechnischer Randbedingungen zu vermeiden. Hierfür ist es erforderlich den Umgang mit volatilen und ungenauen Informationen während der Produktgestaltung zu vereinfachen. Ferner können bestehende Methoden schlecht in die Praxis überführt werden, da diese zu generisch oder auf andere Anwendungsgebiete optimiert sind.

Methodik:

Montagesimulationen von Fahrwerken benötigen andere Eingangsinformationen für den Untersuchungsaufbau und die Auswertung. Da in den frühen Phasen jedoch noch nicht alle Informationen vorliegen können, ist es unerlässlich eine Möglichkeit zu finden, mit der dennoch gleichartig und durchgängig Simulationen aufgebaut werden können.

Da dies aufgrund der frühen Phase und dem volatilen Umfeld ausschließlich virtuell erreicht werden kann, soll eine CAD-nahe Methodik entwickelt werden. Resultierend aus der Anforderungsanalyse wird eine Methode vorgestellt, mit der Entwickler und Produktionsplaner hochiterativ Änderungen am Produktionssystem und am Produktkonzept nachverfolgen können. Die jeweilige Reaktion in Form von einer Anpassung des Produktes oder der Fertigungsmittel soll ebenfalls im selben Modell möglich sein.

Des Weiteren sind Methoden vorzustellen, welche die geometrische Situation des Fahrwerks während der Montage abbilden können. Dabei sollen funktionale Auswirkungen auf Komponenten und Betriebsmittel in der Fertigung simuliert werden können.

Der Fokus der Methodik liegt auf den frühen Entwicklungsphasen. Dennoch muss die Anwendbarkeit in der Serienentwicklungsphase gewährleistet sein. Nur so kann verhindert werden, dass durch eine Insellösung auf Seiten der Software Doppelarbeit in späten Entwicklungsphasen entsteht. Die Ergebnisse aus der Konzeptentwicklung sollen der Serienentwicklung verwertbar zugänglich gemacht werden.

Hypothetischer Ausblick ohne eine Reaktion auf den bestehenden Handlungsbedarf:

Bezugnehmend auf das sehr volatile Umfeld der Automobilindustrie, wird in den kommenden Jahren die Variantenvielfalt der Fahrzeugantriebe enorm steigen. Dabei wird auch die Varietät der Achskonzepte steigen, um für jedes Antriebskonzept ein optimales Fahrverhalten zu gewährleisten. Des Weiteren sollte jeder Fahrzeugtyp in jedem Werk produziert werden können, um auf eventuelle und unvorhergesehene Einzelmarktentwicklungen flexibel reagieren zu können.

Wird die hierfür notwendige Struktur der Produktion nicht bereits frühzeitig im Konzept untersucht und berücksichtigt werden, hat dies unter anderem folgende Auswirkungen:

> Bereits getätigte Investitionen auf Seiten der Produktionstechnik würden für künftige Fahrzeuge nur teilweise wiederverwendet werden können.

> Es müssen umfangreiche Montagelinien für hochspezialisierte Fahrzeugmontagen neu entstehen.

> Grundlegend konzeptionelle Probleme der Achskonzepte werden erst spät entdeckt und können nur in Hardwareversuchen und mit hohem Kostenaufwand korrigiert werden.

> Die beteiligten Personen müssen sich die relevanten Informationen eigenständig beschaffen, wobei prozessuale Unklarheiten zunehmend zu Missverständnissen und Fehlern führen.

> Das Optimum aus funktionalen Fahrdynamikansprüchen und produktionstechnischen Anforderungen kann nicht erreicht werden.

Um dieses Optimum dennoch erarbeiten zu können, werden in den nachfolgenden Kapiteln Werkzeuge vorgestellt, mit denen Entwickler und Produktionsplaner optimal zusammenarbeiten können. Zudem werden die für das Fahrwerk relevanten Informationen und deren Bereitstellung analysiert und optimiert. Das Ziel ist es, den Entwicklungsprozess hinsichtlich der produktionstechnischen Integration im Fahrwerk effizienter zu gestalten.

4. Anforderungsmanagement für frühe Phasen der Produktentwicklung

4.1 Analyse der Anforderungssituation

4.1.1 Empirische Situationsaufnahme bestehender Anforderungen

Im Kontext der virtuellen Produktentwicklung ist es wichtig die relevanten Anforderungen für die Produktgestaltung bereits frühzeitig zu kennen. Neben den ohnehin ablaufenden Aufgaben zu achsinternen geometrischen Integration müssen auch Untersuchungen für übergreifende Umfänge durchgeführt werden. Dabei werden für die unterschiedlichen Simulationen verschiedene Informationen als Eingangsgrößen benötigt. So ist beispielsweise für Mehrkörpersimulationen mit Fokus auf fahrdynamisches Fahrzeugverhalten klar beschrieben, welche Eingangsgrößen und Informationen vorliegen müssen. Auch für die geometrischen Freigangsuntersuchungen für Achsbauteile in Betriebszuständen sind die Eingangsgrößen umfassend beschrieben.

Für virtuelle Montagesimulationen sind jedoch andere Eingangsgrößen notwendig. Im Rahmen der produktionstechnischen Integration im Fahrwerk ist die Informationsbereitstellung bereichsübergreifend. Das bedeutet, dass Personen unterschiedlicher Unternehmensbereiche Informationen aus ihren jeweiligen Aufgaben- und Verantwortungsbereichen liefern müssen. Diese Informationen können je nach Anwendungsfall und Phase in unterschiedlichen Detaillierungsgraden vorliegen. Da für diese Untersuchungen noch keine definierten Sets an Eingangsgrößen vorliegen, soll im Rahmen dieses Kapitels eine Methode vorgestellt werden, mit welcher es möglich ist eben diese zu erzeugen.

Dem vorausgehend müssen die bestehenden Anforderungen gesichtet und einheitlich beschrieben werden. Hierfür wurde auf Grundlage in der Praxis bestehender Tools eine Analyse der Anforderungen auf das Fahrwerk als System, aber auch auf die

© Springer Fachmedien Wiesbaden GmbH, ein Teil von Springer Nature 2019
B. Leistner, *Fahrwerkentwicklung und produktionstechnische Integration ab der frühen Produktentstehungsphase*, Wissenschaftliche Reihe Fahrzeugsystemdesign,
https://doi.org/10.1007/978-3-658-26867-1_4

Einzelkomponenten durchgeführt. Die meisten bestehenden Anforderungen resultieren aus sogenannten „Best-Practice"-Lösungen oder „Lessons-Learned"-Themen. Häufig ist in der Vergangenheit eine bestimmte technische Lösung aus Montagesicht als ungünstig eingeordnet worden. Daraus resultierend sind Anforderungen definiert worden, welche für die Nachfolgeentwicklungen herangezogen werden. Neben technischen Anforderungen, die aus Erfahrungswissen resultieren, existieren Anforderungen aus regulatorischen, ergonomischen, strategischen und wirtschaftlichen Sichten.

Aufgetretene Probleme in späten Hardwareversuchen der Montage sind häufig auf Unstimmigkeiten vorangegangener Versuche unter Laborbedingungen zurückzuführen. Nach einer umfangreichen Befragung von Experten der Montageplanung und Produktentwicklung sind in früheren Simulationen nicht die realen Bedingungen im Werk abgebildet worden. Hierfür zugrundeliegende Probleme sind eine häufig zu späte oder ungenügend strukturierte Kommunikation der beteiligten Rollen und die nicht vorhandene Struktur der notwendigen Eingangsgrößen inklusive fehlende Angabe der Genauigkeiten und Flexibilitäten.

Ein Ansatz zur Reduktion der beschriebenen Probleme im Prozessablauf ist das Festlegen von Standards. Dies könnte beispielsweise das Definieren von Verschraubungspositionen sein, um die Varietät innerhalb des Montageprozesses zu reduzieren. Damit würde die hohe Investition seitens der Produktion für Montageanlagen gesichert werden, da die Anlagen auch für nachfolgende Fahrzeuge verwendet werden könnten. Nachteilig ist allerdings, dass dies den verfügbaren Lösungsraum auf Produktseite stark einschränkt. In Anbetracht des Wandels der Automobilindustrie und daraus resultierenden neuartigen Fahrzeugkonzepten kann dies lähmend auf die Innovationsfähigkeit eines Unternehmens wirken.

Ein weiterer Lösungsansatz wird im nachfolgenden Kapitel beschrieben, indem auf Grundlage der bestehenden Anforderungen ein Set an bereitzustellenden Informationen für die montagegerechte Fahrwerkgestaltung erstellt wird. Dabei steht im Fokus, wie mit kleineren Änderungen auf Produkt- und Produktionsseite ein Optimum erreicht werden kann.

4.1.2 Generisches Modell für produktionstechnische Anforderungen

Für einen unternehmensweiten Ansatz, produktionstechnische Anforderungen bereits frühzeitig zu definieren, wurde ein generisches Modell zur Darstellung der Anforderungssituation erstellt. Dieses Modell befindet sich im technischen und organisatorischen Kontext eines internationalen OEM und wurde praxisnah definiert und validiert. Trotz der zahlreichen, in Abschnitt 3.1 vorgestellten Anforderungsmodelle, war es nicht möglich ein bereits bestehendes Modell auf das Forschungsfeld anzuwenden. Die Gründe sind die besonderen Randbedingungen der frühen Phase in Verbindung mit den organisatorischen Einflüssen einer unternehmensweiten Methodik (Abschnitt 4.1.1).

Wie im vergangenen Abschnitt verdeutlicht wurde, besteht die relevante Anforderungssituation aus vier Elementen. Das Modell ist in Anlehnung an die DSM- und MDM-Methode entwickelt, da die Beziehungen und Abhängigkeiten zwischen den Elementen zweidimensional und eindeutig dargestellt werden sollen. Die Elemente werden in Form von „Entitäten" dem Modell zugeführt.

Elemente des Modells:

- Informationsklassen (siehe Abschnitte 4.1.3 S.51 und 4.2.1 S.70)
- Rollen (siehe Abschnitt 4.2.2 S.74)
- Komponenten (siehe Abschnitt 4.2.3 S.83)
- Phasen (siehe Abschnitt 4.2.4 S.93)

Grundsätzlich wird eine übergreifende Multiple Domain Matrix mit fünf Entitäten angelegt (Abbildung 4.1 S.51), wobei das Element „Rollen" in grober und detaillierter Form implementiert ist. Dies hat organisatorische Gründe und wird in Abschnitt 4.2.2 (S.74) detailliert beschrieben. Ferner wurde der Bezug zwischen den in der Praxis verwendeten Modulen bzw. Komponenten und der in der Literatur vorgestellten modularen Produktstruktur hervorgehoben. Hierfür ist das Element „Komponenten" in drei einzelne Entitäten unterteilt. Innerhalb dieser MDM gibt es folglich sieben „Design Structure Matrizen" und 42 „Domain Mapping Matrizen". In den DSM werden die Abhängigkeiten und Beziehungen innerhalb der einzelnen Entitäten dargestellt. Entitätenübergreifende Beziehungen und Abhängigkeiten werden in den DMMs dargestellt, wobei für zwei Entitäten auch zwei DMMs bestehen. Damit die Beziehungen eindeutig abgebildet werden und keine Redundanzen im Modell entstehen, wird für zwei Entitäten innerhalb der MDM nur eine DMM befüllt. Welche der beiden DMM für zwei Entitäten zur Darstellung genutzt wird, ist von der Leserichtung abhängig und wird in den folgenden Abschnitten inhaltlich erläutert.

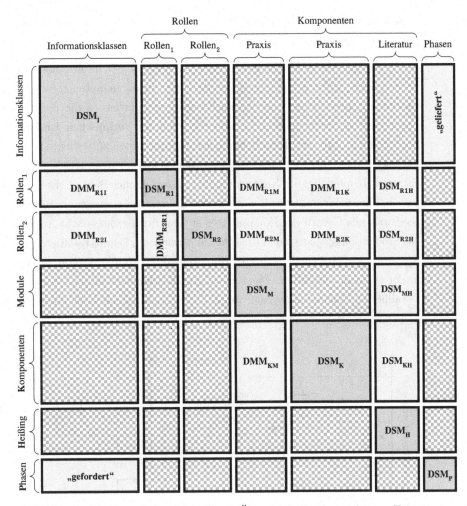

Abbildung 4.1: Generisches Modell mit Übersicht aller betrachteten Entitäten

4.1.3 Klassifizierung der Eingangsgrößen nach produktionstechnischen Merkmalen

Um eine Aussage bezüglich der Montierbarkeit eines Produktkonzeptes treffen zu können, sind verschiedene Informationen als Eingangsgrößen notwendig. Allerdings sind besonders in den frühen Phasen der Produktentwicklung viele Informationen noch sehr volatil oder gänzlich nicht verfügbar. Da aber die frühen Phasen den größten Grad der Produktbeeinflussung bieten, ist es notwendig diese Informationen bereits frühzeitig bereitzustellen oder eine Möglichkeit zu finden, mit Informationen geringerer Reife Abschätzungen zu treffen. Die Bereitstellung der relevanten Daten im notwendigen

Reifegrad ist die Voraussetzung für virtuelle Untersuchungen und montagegerechte Produktbeeinflussung.

Da für das generische Modell eine vergleichbare Ebene der Informationstiefe gefunden werden muss, wurden mehrere Einzelparameter in sogenannten Informationsklassen zusammengefasst. Diese Informationsklassen ermöglichen es die darin befindlichen Parameter zu Sammeln und für einen bestimmten technischen Umfang Aussagen bezüglich der Güte der darin befindlichen Informationen zu treffen. Die Auswahl der Parameter innerhalb der Klassen unterliegt dem Fokus der geometrischen Integration von Fahrwerkkomponenten im Kontext produktionstechnischer Belange. Das bedeutet, dass primär Parameter ausgewählt sind, welche in unmittelbarem Zusammenhang mit der geometrischen Gestalt der Komponenten stehen. Auch geometrische Auswirkungen auf das Produktionssystem sind Teil der Parameterauswahl. Daraus resultierende funktionale Auswirkungen auf das Produktkonzept und das Produktionssystem sind teilweise in der Auswahl enthalten. Die Einzelparameter können unterschiedliche technische Detaillierungsebenen aufweisen, wobei die Informationenklassen einer gemeinsamen, groben Detaillierungsebene zugehören.

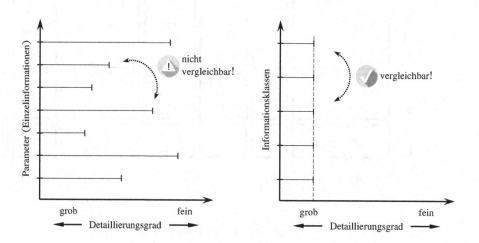

Abbildung 4.2: Vergleich der Detaillierungsebenen von Einzelparametern und Informationsklassen[1]

Die unterschiedlichen Detaillierungsgrade der Einzelparameter ergeben sich daraus, dass für unterschiedliche Untersuchungen, unterschiedliche Eingangsgrößen notwendig sind. Die ungleich verteilte Anzahl der Parameter innerhalb der Informationsklassen ist unter anderem eine Folge der organisatorischen Struktur der beteiligten Rollen

---

[1]   Prinzipdarstellung

und stellt keine Wichtung der Informationsklassen dar. Der organisatorische Bezug des Anforderungsmodells wird in Abschnitt 4.2.2 (S.74ff.) detailliert erläutert, eine Wichtung der Informationsklassen erfolgt im Zusammenhang mit der Definition von phasengerechten Anforderungen in Abschnitt 4.3 (S.104ff.) und ist stets im Kontext der zwischen den Klassen bestehenden Abhängigkeiten zu betrachten.

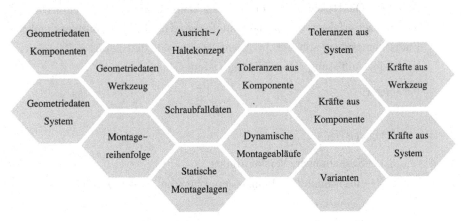

Abbildung 4.3: Vollständige Übersicht aller Informationsklassen

Die 14 in Abbildung 4.3 dargestellten Klassen sind die vollständige Aufzählung aller übergeordneten Informationen, welche für virtuelle Untersuchungen produktionstechnischer Belange notwendig sind. Für die Definition und Validierung des Modells wurden verschiedene Tools der Produktionsplanung und Methoden der Produktentwicklung hinsichtlich ihrer beinhalteten Informationen analysiert und eine Vielzahl von Komponentenentwicklern, Systemgestaltern, Produktionsplanern und Produktintegratoren befragt. Als Grundlage für die Definition und Benennung der Klassen dient das erfasste Expertenwissen und die Betrachtung technischer „Best-Practice"-Lösungen.

Im folgenden Abschnitt werden alle Informationsklassen detailliert beschrieben. Des Weiteren ist für jede Informationsklasse eine vollständige Auflistung aller darin befindlichen Parameter sowie deren Bezug zu anderen Klassen aufgeführt. Der praktische Bezug zur Anwendung wird anhand von Beispielen verdeutlicht.

Geometriedaten Komponenten

Beschreibung:

Die Informationsklasse „Geometriedaten Komponenten" beinhaltet alle Informationen über die geometrische Gestaltung der Bauteile. Dazu gehören unter anderem die CAD-Daten sowie alle für die Fertigung und Montage notwendigen geometrischen Angaben. Die Beschreibung der Gestalt kann ebenfalls über technische Zeichnungen oder Skizzen erfolgen, was primär vom Reifegrad des Produktkonzeptes und der aktuellen Entwicklungsphase abhängt. Im Nachfolgenden sind die relevanten Parameter aufgeführt sowie eine Auflistung von möglichen Datenquellen.

Parameter:

- CAD-Daten

  - Sachnummer, Version, Index
  - Bezeichnung, Dokumententyp innerhalb des PDM-Systems
  - Geometrie
  - Werkstoff
  - Masse
  - Verbauort, Lage
  - Technische Zeichnungen

- Normen/Vorschriften

  - Toleranzen
  - Funktionale Komponentenanforderungen (z.B.: Gelenkwinkel, Verschiebewege)
  - Auslegungsvorschriften
  - Normen (DIN/EN/ISO etc.)

- Datenquellen

  - PDM-System
  - Zeichnungsarchiv
  - Generischer Bauteilkatalog
  - Normteildatenbank
  - Anforderungsmanagementsysteme

Beispiel:

Die Geometriedaten der Komponente Querlenker werden schon ab der frühesten Phase der Produktentwicklung in Form von CAD-Modellen bereitgestellt. Diese CAD-Modelle beschreiben die geometrischen Abmessungen und lassen Schlüsse auf das Fertigungs- und Materialkonzept zu. So wird bereits frühzeitig untersucht, ob gegebene funktionale Anforderungen, beispielsweise durch einen Schmiedelenker oder einen kostengünstigeren Blechlenker, umgesetzt werden können. Für Baukasten- und Normteile, wie beispielsweise Radlager, gibt es bereits ab der frühesten Phase Modelle mit einem sehr hohen Reifegrad. Bei Neuteilen entwickelt sich der Reifegrad über die Dauer des Entwicklungsprozesses stärker. Die Geometriedaten liegen in dieser Klasse immer in Bezug auf ein spezifisches Bauteil vor.

Geometriedaten Werkzeuge

Beschreibung:

Auch für Werkzeuge und Montageanlagen muss die Information über die geometrische Gestalt vorliegen. Hierfür ist die Informationsklasse „Geometriedaten Werkzeuge" definiert. Diese beinhaltet die in Form von CAD-Modellen dargestellten Konstruktionen und Außengeometrien. Bei großen Anlagen, welche häufig als Sonderanfertigungen bereitgestellt werden, gibt es neben den CAD-Modellen noch umfangreichere Dokumentationen. Bei kleineren Werkzeugen, wie beispielsweise Schraubendrehern oder Schraubern, gibt es teilweise sehr alte Modelle oder tesselierte Scandaten. Dies ist häufig der Fall, wenn Werkzeuge in einigen Werken manuell angepasst oder gefertigt wurden.

Parameter:

- CAD-Daten
    - Sachnummer, Version, Index
    - Bezeichnung, PDM-Dokumententyp
    - Geometrie
    - Werkstoff
    - Masse
    - Lage
    - Technische Zeichnungen
- Normen/Vorschriften
    - Toleranzen
    - Funktionale Werkzeugeigenschaften (max. Drehmoment/Kräfte)
    - Anwendungsvorschriften

- DIN/EN/ISO etc.

- Datenquellen

  - PDM-System
  - Werkzeugdatenbanken (Funktionale Eigenschaften)
  - Produktionsplanungssysteme

Beispiel:

Um den oben beschriebenen Querlenker zu verschrauben, sind mehrere Informationen für die Geometriedaten der Werkzeuge notwendig. So müssen beispielsweise die Außengeometrie des Winkelschraubers sowie die korrekte Nuss mit eventueller Verlängerung vorliegen. Auch die richtige Kombination und Position der Werkzeuge muss für eine Untersuchung der Montagefähigkeit gegeben sein.

Geometriedaten System

Beschreibung:

Da bei komplexen Produkten und Produktfamilien stets mehrere Bauteile betrachtet werden müssen, ist die Informationsklasse „Geometriedaten System" separat definiert worden. In dieser Klasse sind die Informationen bezüglich der Lage der einzelnen Komponenten im Raum sowie deren Zusammenspiel integriert. Auch für diese Informationen gibt es verschiedene Datenquellen, wobei eine durchgängige und eindeutige Form der Dokumentation im CAD- und PDM-System erfolgt.

Parameter:

- CAD-Daten

  - Sachnummer, Version, Index für jedes CAD-Modell
  - Baugruppenbezeichnung, PDM-Dokumententyp
  - Lage der einzelnen Komponenten im Raum
  - Technische Baugruppenzeichnungen
  - Masse

- Normen/Vorschriften

  - Toleranzen
  - Funktionale Systemeigenschaften (z.B.: kinematische Kenngrößen)

- Datenquellen

  - PDM-System
  - Anforderungsmanagementsysteme

Beispiel:

Speziell bei Produktfamilien sind die Informationen über die Lage der Komponenten im Raum von Bedeutung. So kann beispielsweise der in „Geometriedaten Komponenten" beschriebene Querlenker in unterschiedlichen Derivaten eingesetzt werden. Eine Komponente würde somit in unterschiedlichen Lagen in Bezug zum jeweiligen Gesamtfahrzeug-Koordinatensystem positioniert werden. Folglich ergeben sich auch für jedes Derivat spezifische funktionale Ausprägungen, welche in Form der Kinematikkenngrößen zum Ausdruck gebracht werden. Auch innerhalb eines Derivates kann der gleiche Querlenker in unterschiedlichen Stellungen im Raum bezüglich der Konstruktionslage positioniert sein. Fahrzeuge mit Sportfahrwerk sind um einige Millimeter eingefedert, Fahrwerke für Fahrzeuge in Schlechtwege-Ländern um einige Millimeter ausgefedert. Dies hat zur Folge, dass der gleiche Querlenker innerhalb eines Derivates durch konfigurierte Sonderausstattungen unterschiedliche Lagen im Raum besitzt. Diese Lageänderung wird in der Informationsklasse „Geometriedaten System" beschrieben, wobei die Referenz stets die Konstruktionslage ist.

Montagereihenfolge

Beschreibung:

Die „Montagereihenfolge" beinhaltet alle Informationen bezüglich der Verbaufolgen in Bezug zum Produktionsstandort. Dies ist primär die Strukturinformation über die Verkettung der einzelnen Montageschritte hin zu einer Montagereihenfolge. Der Montageschritt dient hierfür als Sammelobjekt, welches die Informationen aller Geometriedaten mit den Prozessinformationen koppelt. Zusatzinformationen, wie beispielsweise spezifisches Werkelayout des Referenz-Werkes, können ebenfalls dieser Informationsklasse entnommen werden.

Parameter:

- Montageabschnitte

  - Produktionsstandort
  - Montagelinie / Halle
  - Werkelayout
  - Struktur der Vormontagen

- Montageschritte
- (Logistikabläufe)

- Dresslevel

  - Lieferanten-Werke-Struktur
  - Vorgängerinformationen

- Montagereihenfolge / Vorranggraph

  - Montageschritt-ID
  - Vorgangsbezeichnung
  - Zuordnung Komponente
  - Zuordnung Werkzeug
  - Zuordnung Schraubfalldaten
  - Zuordnung Montagelage
  - Zuordnung Montageablauf

Beispiel:

Wird der bereits beschriebene Querlenker im Fahrzeug montiert, ist das relevante Bauraumumfeld stark von der Montagereihenfolge abhängig. Wird beispielsweise zuerst der Achsträger auf einen Werkstückträger positioniert, dann der Lenker verschraubt und anschließend das Schwenklager montiert, ist der geometrische Freigang für ein Verschraubungswerkzeug an der Verbindungsstelle „Querlenker an Achsträger" nicht durch das Schwenklager begrenzt. Ändert man die Montagereihenfolge, hat dies direkte Auswirkungen auf den für die Montage verfügbaren geometrischen Freiraum.

Ausricht- und Haltekonzept

Beschreibung:

Das „Ausricht- und Haltekonzept" beschreibt primär das Zusammenspiel der Geometriedaten Komponenten und Werkzeuge. Im Fokus steht das Erzeugen und Halten einer definierten Lage der Komponenten zueinander, während der Montage. Hierfür werden häufig Werkstückträger oder Lastaufnahmemittel verwendet, da aufgrund der Masse der Komponenten hohe Kräfte wirken können. Um diese Positionen zu halten, gibt es verschiedene Arten von Klemmungen, Zentrierungen oder anderen geometrischen Orientierungen, welche in dieser Informationsklasse beschrieben werden.

Parameter:

- Lageinformationen

  - Geometriedaten Komponenten
  - Geometriedaten System
  - Geometriedaten Werkzeuge
  - Montageschritt
  - Verbindungsart

- Konzeptionelle Umsetzung

  - Toleranzen/Lagegenauigkeit
  - Einheitliche Aufnahme/Positionierung
  - Verwechslungssicherheit
  - Ausrichtkonzept: Positionierung der Komponenten zueinander (selbstzentrierend)(Geometrieabhängig)
  - Haltekonzept: Aufnahme von Montagekräften
  - Poka-Yoke

Beispiel:

Um eine reproduzierbare Lage der Querlenker zum Achsträger während der Montage sicherzustellen, wird ein Werkstückträger verwendet. Dieser positioniert den Achsträger mit einem definierten Ausrichtkonzept und gegebener Toleranz zum Querlenker. Der Querlenker wird ebenfalls über ein definiertes Ausrichtkonzept in seiner Lage im Raum beschrieben. Die endgültige Positionierung zueinander erfolgt über das Stecken und Anziehen der Schraubverbindung. Die Produkte zentrieren sich also im Kinematikpunkt „Querlenker an Achsträger" selbst. Der Höhenstand wird durch den Werkstückträger eingestellt. Folglich definieren sich die Freiheitsgrade über die Verbindung der Werkstücke zum Werkstückträger und über die Komponenten selbst.

Schraubfalldaten

Beschreibung:

Die Informationsklasse „Schraubfalldaten" beinhaltet Informationen über sowohl geometrische, als auch funktionale Eigenschaften der Verbindung zweier Komponenten. Die Klasse wurde dennoch nicht als „Verbindungsdaten" definiert, da viele konzeptrelevanten Verbindungsstellen im Fahrwerk durch Verschraubungen dargestellt sind. Geometrische Informationen beziehen sich auf die Gestalt der Verbindungselemente. Dies sind beispielsweise die Parameter Schraubenlänge, Kopfform oder Schlüsselweite. Funktionale Informationen sind beispielsweise Anzugsdrehmoment und Verschraubungsklasse. Diese dienen zur Dimensionierung der Verbindungselemente und sind Ergebnisse der Schraubenauslegung.

Parameter:

- Schraubendaten (Geometrisch)
    - Sachnummer, Version, Index
    - Bezeichnung, PDM-Dokumententyp
    - Geometrie
    - Werkstoff, Festigkeitsklasse
    - Schlüsselweite, Kopfform
    - Gewindetyp (Gewinde-Ende z.B. mit Suchspitze)
    - Technische Zeichnungen
- Schraubfalldaten (Funktional)
    - Anzugsdrehmoment
    - Drehwinkel bei überelastischem Anzug
    - Verschraubungsklasse /-kategorie
    - Reibpaarungen, Reibbeiwerte
    - Anzug über Schraubenkopf/Mutter
    - Toleranzen
    - Risikoklasse
    - Montageschritt/Vorgangsbezeichnung

- Datenquellen

    - Schraubfalldatenbank
    - Schraubenauslegungsblätter (frühe Phase)
    - Produktionsplanungssysteme
    - Freizeichnung (in verschiedenen Freigabestufen)
    - Vorgängerinformationen (vergleichbare Verbindungsstelle Vorgängerderivat)

Beispiel:

Für die Verschraubung Querlenker an Achsträger kann beispielsweise eine M14x100 mit Feingewinde und Clipmutter verwendet werden. Das Anzugdrehmoment von beispielsweise 100Nm plus 90° Drehwinkelanzug ist besonders für die Wahl des notwendigen Verschraubungswerkzeuges entscheidend. Die Verschraubung würde aufgrund der sicherheitskritischen Einstufung der Verschaubungsklasse A entsprechen, was im Werk umfangreiche Absicherungsmaßnahmen zur Folge hat.

Toleranzen aus Komponente

Beschreibung:

Alle Toleranzwerte, welche aus der Fertigung einer Komponente stammen, werden in der Informationsklasse „Toleranzen Komponente" beschrieben. Diese Toleranzen können beispielsweise Form- und Lageabweichungen einzelner Geometrieelemente oder Maßtoleranzen der Gesamtabmessungen sein. Auch Oberflächeneigenschaften können Toleranzen unterliegen und dieser Informationsklasse entnommen werden.

Parameter:

- Bezug Komponente

    - Maßtoleranzen Absteckung/Zentrierung
    - Formtoleranzen (Rundheit, Rauheit, Parallelität, etc.)

- Datenquellen

    - CAD-Daten (Toleranzsoftware)
    - Technische Zeichnungen
    - Lasten-/Pflichtenheft

Beispiel:

Die reale Geometrie des Querlenkers kann aufgrund der Fertigungsprozesse von der virtuellen CAD-Geometrie abweichen. Wie groß diese Abweichung ist, wird in den technischen Zeichnungen festgehalten. Eine Änderung der Länge des Querlenkers hat direkte Auswirkungen auf die Achskinematik. Die Lage des Kinematikpunktes „Querlenker an Schwenklager" ist relativ zum Kinematikpunkt „Querlenker an Achsträger" entlang der Lenkerrichtung verschoben.

Toleranzen aus System

Beschreibung:

Die Informationsklasse „Toleranzen aus System" beinhaltet alle Informationen bezüglich dem Zusammenspiel aller Bauteiltoleranzen. Dies kann zum einen der Einfluss der Toleranzen auf die Achse, aber zum anderen auch auf das Produktionssystem sein. Innerhalb dieser Klasse wird nicht zwischen „System" und „Werkzeug" unterschieden, da die Toleranzen der Werkzeuge und Anlagen direkt mit den Systemtoleranzen der Achskomponenten zusammenhängen. Als System wird an dieser Stelle das für jeden montageschritt spezifische Umfeld von Komponenten und Werkzeugen betrachtet. Das hat zur Folge, dass eventuelle Lagetoleranzen der Bauteile während der Montage aber auch die Auswirkung aller Einzeltoleranzen auf die Achskinematik in dieser Klasse enthalten sind. Die Schraubfall- und Verbindungstoleranzen können ebenfalls dieser Klasse entnommen werden.

Parameter:

- Bezug System

    - Lagetoleranzen (Auswirkungen auf kinematische Kennwerte)
    - Toleranzketten (Bsp.: notwendiger Verschiebeweg für Spur-/Sturzeinstellung)

- Bezug Schraubfall

    - Anzugsdrehmoment
    - Drehwinkel
    - Reibwerttoleranzen

- Datenquellen

    - CAD-Daten (Toleranzsoftware)
    - Technische Zeichnungen
    - Lasten-/Pflichtenheft

Beispiel:

Aufgrund der Längentoleranz des Querlenkers weißt die Achse in Realität eine andere Achskinematik auf, als dies in der virtuellen Auslegung vorgesehen ist. Diese Abweichung wird aufgrund der Toleranzen aller anderen Bauteile noch weiter beeinflusst. Aus diesem Grund muss die Achse nach der Montage korrekt in Spur und Sturz eingestellt werden. Die notwendigen Einstellwege an Querlenker und Spurstange ergeben sich aus den „Worst-Case"-Toleranzlagen aller Bauteile. Im Gegenzug muss die Achseinstellanlage mindestens denselben Verfahrweg aufweisen um korrekt einstellen zu können.

Statische Montagelagen

Beschreibung:
Die Informationsklasse „Montagelagen" ist besonders in der Fahrwerkmontage von großer Bedeutung. In dieser Klasse werden alle geometrischen Lagen von Komponenten beschrieben, welche sich während der Montage nicht in Konstruktionslage befinden. Das bedeutet, das in dieser Klasse nur Lageinformationen vorliegen, wenn die Montagelage nicht der Konstruktionslage entspricht. Auch die Lage der damit in Verbindung stehenden Werkzeuge wird in dieser Klasse beschrieben.

Parameter:

- Baurauminformationen
    - Montageschrittabhängiger Verbauzustand/Dresslevel
    - Mindestabstände in statischen Lagen
- Lageinformationen
    - Konstruktionslage Komponente/System
    - Grundstellung Werkzeug/Anlage
    - Montagelage Komponente/System/Werkzeug

Beispiel:
Wenn beispielsweise über eine Montagelinie mehrere Produktfamilien mit einer Vielzahl von spezifischen Konstruktionslagen montiert werden müssen, können diese mit Hilfe eines Werkstückträgers umgesetzt werden. Des Weiteren ist die Stückzahl von einigen Fahrzeugen oder Sonderausstattungen vergleichsweise so gering, dass es unwirtschaftlich ist eine eigens dafür bereitgestellte Werkstückträgergeometrie zu entwickeln. So könnte die Montagelage für Sport-, Schlechtwege- und Normalfahrwerk auf eine gemittelte Lage vereinheitlicht werden. Hierbei müssen allerdings stets die funktionalen Auswirkungen auf die Fahrzeugakustik betrachtet werden, welche aufgrund einer Verspannung der Elastomerlager bei einer von der Konstruktionslage abweichenden Montagelage auftreten.

Dynamische Montageabläufe

Beschreibung:

Unter „Montageabläufen" sind grundsätzlich alle Bewegungen während der Montage zu verstehen. Hierfür gibt es verschiedene Arten von Bewegungen, welche sich durch die Bezugsgeometrien definieren. Als Fügebewegung versteht man die Bewegung von Komponenten vom Bereitstellungsort der Logistik zur Montagelage. Die Zustellbewegung beschreibt den Bewegungsverlauf des Werkzeuges von seiner Grundstellung hin zur Verbindungsstelle. Eine Korrekturbewegung bezieht sich auf die Komponenten und ist das von der Konstruktionslage ausgehende Herstellen der Montagelage. In dieser Informationsklasse werden die Bewegungsverläufe dieser Bewegungsarten bereitgestellt. Die eindeutige und reproduzierbare Form ist ebenfalls das Bereitstellen mehrerer Punkte oder einer Kurve im CAD- und PDM-System. Auch die Information über einen geforderten Mindestabstand zwischen Werkzeug und Komponenten oder Fügespalt zwischen den Komponenten untereinander, wird in dieser Klasse bereitgestellt.

Parameter:

- Baurauminformationen
    - Montageschrittabhängiger Verbauzustand/Dresslevel
    - Mindestabstände während Bewegungen
- Bewegungsinformationen
    - Bewegungstyp (Füge-/Zustell-/Korrekturbewegung)
    - Startposition (Grundstellung/Konstruktionslage)
    - Endposition (Montagelage)
    - Bewegungsverlauf

Beispiel:

Im Beispiel beschreibt die Fügebewegung die Bahn, welche der Querlenker verfolgt, um in die Montagelage auf den Werkstückträger zu gelangen. Eine weitere Fügebewegung ist das Stecken der Schraube. Anschließend wird das Werkzeug mit Hilfe der Zustellbewegung an die Verbindungsstelle zugeführt. Nach Abschluss der Montage führt das System durch ein- oder ausfedern eine Korrekturbewegung zurück zur Konstruktionslage aus. Währenddessen müssen definierte Mindestabstände eingehalten werden, um Kollisionen zwischen den Bauteilen oder Werkzeugen zu verhindern.

Varianten

Beschreibung:

In der Informationsklasse „Varianten" werden alle Informationen für Komponentenvarianten auf unterschiedlichen Ebenen bereitgestellt. Architektur- und derivatsbezogene Varianten sind beispielsweise die Plattform, auf dessen Grundlage ein Derivat entwickelt wird. Das an Vorder- und Hinterachse verwendete Achsprinzip wird ebenfalls den derivatsspezifischen Varianten zugeordnet. Dabei geht diese Entscheidung aus einer Vielzahl von gegenläufigen Anforderungen, wie Kosten, Funktion und Gewicht hervor und ist häufig der zugehörigen Plattform unterlegen. Komponentenvarianten sind in technische, geometrische und visuelle (optische) Varianten unterteilt, wobei diese nahezu direkt aus den für ein Derivat verfügbaren Sonderausstattungen und Ländervarianten hervorgehen.

Parameter:

- Bezug Architektur

  - Plattform
  - Produktionsstandort
  - Modularität

- Bezug Derivat / Gesamtfahrzeug

  - Achsprinzipien
  - Antriebskonzept
  - Grund-/Sonderausstattungen
  - Geometrische Gesamtfahrzeugparameter (Radstand, Spurweite, etc.)

- Bezug Komponente / Teilsystem

  - Technische Varianten
  - Geometrische Varianten
  - Farbvarianten
  - Länderspezifische Ausführungen
  - Stückzahlen(„Take-Rates")

Beispiel:

Auch für die Informationsklasse „Varianten" bietet sich das Beispiel des Querlenkers an, da die bereits erläuterte Konstruktionslage der Sonderausstattungen direkt aus den Varianten hervorgeht. Dieser Klasse kann die Information entnommen werden, welche Fahrwerkvarianten und somit auch Höhenstände bei welchem Fahrzeug vorgehalten werden müssen. Auch Aussagen bezüglich der Stückzahlen oder „Takerates" sind dieser Klasse zu entnehmen. So kann es beispielsweise sein, dass aufgrund der geringen Stückzahl von Fahrzeugen mit Schlechtwege-Fahrwerk die gemittelte Montagelage zwischen Sport- und Normalfahrwerk liegt. Die somit auftretende Verspannung der Elastomerlager im Sportfahrwerk kann zu negativen Akustikeigenschaften führen. Diese würden durch eine Änderung der Montagelage auf das Schlechtwegefahrwerk verschoben.

Kräfte aus Komponenten

Beschreibung:

Informationen bezüglich der „Kräfte aus Komponenten" sind separiert zu betrachten. Zu dieser Klasse zählen primär die Kräfte, welchen während der Montage entgegengewirkt werden muss und aus der funktionalen Konzeption und Auslegung der Komponente stammen. Hierfür sind verschiedene Arten definiert, wobei Fügekräfte aus der Fügebewegung resultieren. Haltekräfte sind häufig eine Folge der Gewichtskraft oder äußeren, während der Montage aufgebrachten Kräften. Betriebslasten sind Kräfte, welche während des Betriebes aufgenommen werden und als Auslegungsgrundlage für mechanische Komponenten dienen. Federkräfte sind besonders im Fahrwerk während der Hochzeit von großer Relevanz und beziehen sich auf die Reaktion der Tragfeder auf äußere Einflüsse.

Parameter:

- Arten

    - Fügekräfte
    - Haltekräfte
    - Federkräfte[2]
    - Betriebslasten (statisch/dynamisch)

- Datenquellen

    - Komponentenauslegungsblätter mit Betriebslasten
    - Lasten-/Pflichtenhefte

Beispiel:

Im Fahrwerk sind besonders die resultierenden Tragfederkräfte von großer Bedeutung. Dies liegt an der hohen Fahrzeugmasse, welche bei dynamischen Montageabläufen, wie der Hochzeit, große Kräfte bewirken. Wenn die Karosserie auf das Fahrwerk abgesetzt wird, berührt das Stützlager die Federstütze bevor der Achsträger die Karosserielängsträger berührt. Um diese Verschraubung durchführen zu können, muss die Karosserie soweit heruntergezogen werden, bis auch der Achsträger die Karosserielängsträger berührt. Hierfür muss die Feder um den Betrag der Federkraft belastet und zusammengedrückt werden.

---

[2] Inklusive der durch die Elastomerlagersteifigkeiten auftretenden Nebenfedereigenschaften

Kräfte aus Werkzeug/Montageanlage

Beschreibung:

Die Informationsklasse „Kräfte aus Werkzeug" beinhaltet Informationen, wie Zustellkräfte oder Abstützkräfte. Diese, während der Montage auftretenden Kräfte, werden durch das Werkzeug oder den Werkstückträger aufgebracht. Auch das Reaktionsmoment, welches bei einer Verschraubung entsteht, zählt zu dieser Klasse.

Parameter:

- Arten
  - Zustellkräfte
  - Haltekräfte
  - Abstützkräfte(/-momente)
- Datenquellen
  - Werkzeugdatenblätter
  - Vorgangsbeschreibungen
  - Schraubfalldaten

Beispiel:

Wird der Querlenker mit dem Achsträger verschraubt, so muss das Moment, welches der Schrauber aufbringt, durch die Aufhängung des Werkzeuges oder durch den Werker abgestützt werden. Diese Abstützkräfte sind unter anderem abhängig von den Schrauben- und Schraubfalldaten und haben direkten Einfluss auf die Konstruktion des Werkzeuges.

Kräfte aus System

Beschreibung:

Während komplexen Montageprozessen waltet diverse Montagekräfte. Da dieses Zusammenspiel ähnlich der Geometriedaten Komponenten, Werkzeuge und System zu betrachten ist, wurde ebenfalls eine zusätzliche Differenzierung getroffen. Unter „Kräften aus System" versteht man im Allgemeinen die Verkettung von komponenten- und werkzeugbezogenen Kräften. Dies können mehrere Kräfte und Momente aus den Komponenten, wie beispielsweise Nebenfederraten, sein oder das Zusammenspiel von beiden wie im Beispiel der Informationsklasse „Kräfte aus Komponente" genannten Hochzeit sein.

Parameter:

- Arten

  - Montagekräfte (statisch/dynamisch)
  - Reibkräfte
  - Haltekräfte
  - Nebenfederraten

- Datenquellen

  - Simulationen
  - Hardwareversuche
  - Schraubfalldaten

Beispiel:

Als Beispiel ist hier der gesamte Hochzeitsprozess zu nennen. Wie bereits erläutert, wird die Karosserie auf die Achsen heruntergezogen, da die Gewichtkraft der Karosserie nicht ausreicht, um der Federkraft der Tragfeder und der Reaktionskraft der Nebenfederraten aller Elastomerlager in den Lenkern entgegenzuwirken. Die Folge ist, dass der Werkstückträger aktiv die Karosserie herunter ziehen muss, was wiederum einem enormen konstruktiven Aufwand des Werkstückträgers zur Folge hat.

Wie bereits den Beschreibungen der Informationsklassen zu entnehmen ist, besteht eine Vielzahl von funktionalen und produktionstechnischen Anforderungen mit geometrischen Auswirkungen. Diese technisch und organisatorisch bedingten Abhängigkeiten und Auswirkungen werden im nachfolgenden Abschnitt detailliert betrachtet.

Der Bezug zwischen den Informationsklassen wird in diesem Abschnitt nur in Form von Parametern dargestellt. So könnten Parameter auch anderen Klassen zugeordnet werden, bzw. sich von Informationen aus anderen Klassen bedienen.

4.2 Darstellung der Anforderungskomplexität

4.2.1 Beziehungsanalyse der Eingangsgrößen

Zwischen den Informationsklassen und der darin befindlichen Parameter bestehen technisch und organisatorisch begründete Abhängigkeiten. Diese Abhängigkeiten resultieren darin, dass es häufig nicht möglich ist zu einer Informationsklasse Aussagen zu treffen, ohne dass Informationen aus einer anderen Informationsklasse im Voraus bereitgestellt sind. In Abbildung 4.4 ist dieser Sachverhalt beispielhaft anhand einer einfachen Kausalkette dargestellt. Diese Darstellung hat keinen Anspruch auf Vollständigkeit, wie durch die zusätzlichen Abhängigkeiten angedeutet wurde.

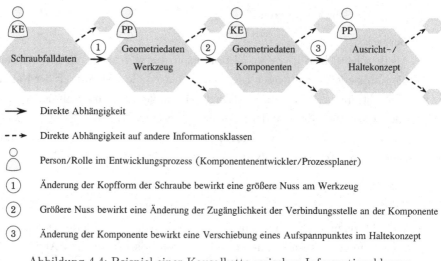

Abbildung 4.4: Beispiel einer Kausalkette zwischen Informationsklassen

Die Abhängigkeiten der Informationsklassen untereinander sind in DSM_I innerhalb der MDM dargestellt (siehe 4.1 auf Seite 51). Wichtig in der Darstellung ist, dass der Fokus stets auf direkten Abhängigkeiten liegt. Indirekte Abhängigkeiten ergeben sich aus mehreren direkten Abhängigkeiten und dürfen nicht in die DSM aufgenommen werden. Eine indirekte Abhängigkeit wäre am Beispiel aus Abbildung 4.4 die Auswirkung am Ausricht- und Haltekonzept in Folge der Änderung von Schraubfalldaten.

DSM$_I$	Geometriedaten Komponenten	Geometriedaten Werkzeug	Geometriedaten System	Montagereihenfolge	Ausricht- /Haltekonzept	Schraubfalldaten	Statische Montagelagen	Dynamische Montageabläufe	Toleranzen aus Komponenten	Toleranzen aus System	Varianten	Kräfte aus Komponenten	Kräfte aus Werkzeug	Kräfte aus System
Geometriedaten Komponenten		x	x	x	x				x			x		
Geometriedaten Werkzeug	x		x	x										
Geometriedaten System	x	x		x	x		x							x
Montagereihenfolge	x	x			x			x		x				
Ausricht- /Haltekonzept	x	x	x	x						x				
Schraubfalldaten	x	x												
Statische Montagelagen				x	x									
Dynamische Montageabläufe	x	x	x											
Toleranzen aus Komponenten					x					x				
Toleranzen aus System				x	x									
Varianten	x		x			x	x					x		x
Kräfte aus Komponenten					x								x	x
Kräfte aus Werkzeug	x				x									
Kräfte aus System					x	x	x	x					x	

Abbildung 4.5: DSM der Informationsklassen

Die Leserichtung von DSM$_I$ ist ebenfalls in der oberen linken Ecke der DSM dargestellt und zeigt von links nach oben. Die inhaltliche Interpretation im Kontext der Informationsklassen lautet: Die Änderung einer Information der Informationsklasse „A" hat eine Auswirkung auf eine Information der Informationsklasse „B".

Um die relevanten direkten Abhängigkeiten zu identifizieren, wurde während der Situationsaufnahme und Durchführung der Befragung immer wieder die Frage gestellt, wofür eine Information notwendig sei, bzw. welche Informationen gegeben sein müssten um eine Aussage zur relevanten Information treffen zu können. Dies hat zu Folge, dass die Parameter einer Informationsklasse entweder direkt von einer anderen Informationsklasse abhängen oder Parameter einer anderen Informationsklasse beeinflussen. Am Beispiel der Informationsklassen sind diese Abhängigkeiten primär technischer Natur.

Jedem Kreuz in der DSM$_I$ liegt mindestens ein praxisbezogenes Beispiel für die direkte Abhängigkeit zu Grunde. Diese Abhängigkeit stellt dar, dass mindestens ein Parameter der ausgehenden Klasse einen Einfluss auf einen Parameter der abhängigen Klasse aufweist. Ein konkretes Beispiel wäre der Parameter „Gewindetyp" der Klasse „Schraubfalldaten", welcher eine direkte Abhängigkeit zum Parameter „Geometrie" der Klasse „Geometriedaten Komponenten" aufweist. Würde der Gewindetyp der einschnittigen Verschraubung „Querlenker an Radträger" von metrischem Gewinde auf ein selbstfurchendes Gewinde geändert werden, müsste das Gegenstück der Verbindung im Radträger ebenfalls angepasst werden. Dies hätte zur Folge, dass ein zunächst vorgeschnittenes Gewinde im Vollmaterial des Radträgers durch eine Bohrung mit unterschiedlichem Durchmesser ersetzt wird. Gleiches gilt für die Felder, in welchen keine direkten Abhängigkeiten dargestellt sind. Hierfür sind häufig Beispiele für indirekte Abhängigkeiten die Ursache, welche als Ketten von mindestens zwei direkten Abhängigkeiten definiert sind.

Wie in der oberen linken Ecke von DSM$_\mathrm{I}$ dargestellt, existiert eine Vielzahl von Informationsklassen mit gegenseitigen direkten Abhängigkeiten. Diese beidseitige Art der Abhängigkeit wird als Kausalitätsschleife bezeichnet. Kausalitätsschleifen werden grundsätzlich nach direkten und indirekten unterschieden. Direkte Schleifen werden lediglich qualitativ dargestellt, da die Anzahl der betroffenen Informationsklassen aufgrund der Definition immer gleich zwei ist. Somit repräsentieren direkte Kausalitätsschleifen doppelte direkte Abhängigkeiten zweier Informationsklassen. Ein Beispiel für direkte Kausalitätsschleifen ist die doppelte Anhängigkeit zwischen den Informationsklassen „Geometriedaten Komponenten" und „Geometriedaten Werkzeuge". Im Gegensatz dazu können indirekte Kausalitätsschleifen auch qualitativ beschrieben werden. Hierfür wurde der Grad einer Kausalitätsschleife G_{KS} definiert. Der Grad gibt an, wie viele Informationsklassen betroffen sind, bis die Ausgangsklasse wieder beeinflusst wird. Die Gesamtanzahl der betrachteten Klassen ist mit n_g definiert. Die Anzahl der direkten Abhängigkeiten im betrachteten System ist mit n_{A_d} definiert. Folglich kann mit Hilfe vom Grad der Kausalitätsschleifen G_{KS} und der Anzahl der direkten Abhängigkeiten n_{A_d} ebenfalls ermittelt werden, ob es sich um eine direkte oder indirekte Kausalitätsschleife handelt.

Es ergibt sich folgender Zusammenhang:

$$G_{KS} = n_g - 1 \qquad (4.1)$$

Definition für direkte Kausalitätsschleifen:

$$G_{KS} = 1 \qquad (4.2)$$

$$n_{A_d} = 2 \qquad (4.3)$$

Definition für indirekte Kausalitätsschleifen:

$$G_{KS} > 1 \qquad (4.4)$$

$$n_{A_d} > 2 \qquad (4.5)$$

Eine weitere Möglichkeit zu Bewertung einer Informationsklasse ist die Aktivsumme A und die Passivsumme P. Die Aktivsumme ist die Summe aller direkten Abhängigkeiten A_{d_o} ausgehend von der betrachteten Informationsklasse I (Output). Als Passivsumme ist die Summe aller direkten Abhängigkeiten A_{d_i} definiert, welche auf die betrachtete Informationsklasse I wirken (Input). Diese Methode ist auf den sogenannten „Taschencomputer" nach Vester [106] zurückzuführen. Sie ermöglicht das Einordnen der Elemente in einem System bezüglich ihrer Intensität der Einflussnahme und Beeinflussbarkeit. Beckmann [6] nutzte diese Methode um den Elementen eine Zuordnung innerhalb der sogenannten Eigenschaftsmatrix zu geben. Die Eigenschaftsmatrix der Informationsklassen ist in Abbildung 4.6 dargestellt.

Für $A(I)$ und $P(I)$ ergeben sich folgende Gleichungen:

$$A(I) = \sum_{I=1}^{I=14} A_{d_o} \qquad (4.6)$$

$$P(I) = \sum_{I=1}^{I=14} A_{d_i} \qquad (4.7)$$

Die Aktiv- und Passivsummen dienen als Grundlage um die Intensität der Beeinflussbarkeit $G_B(I)$ und die Intensität der Einflussnahme $G_E(I)$ einer Informationsklasse I zu berechnen [6].

Intensität der Beeinflussbarkeit:

$$G_B(I) = A(I) \cdot P(I) \qquad (4.8)$$

Intensität der Einflussnahme: $(f \ddot{u} r\, P(I) \neq 0)$

$$G_E(I) = \frac{A(I)}{P(I)} \qquad (4.9)$$

Intensität der Einflussnahme: $(f \ddot{u} r\, P(I) = 0)$

$$G_E(I) = \infty \qquad (4.10)$$

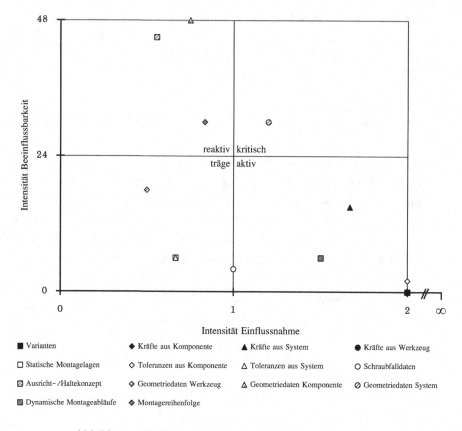

Abbildung 4.6: Eigenschaftsmatrix der Informationsklassen

Um die Komplexität des Systems zu bestimmen, können die drei Größen G_{KS}, G_E und G_E genutzt werden. Da sich alle drei jeweils auf eine Informationsklasse beziehen, können diese Werte für jede Klasse bestimmt werden und in Bezug zur Gesamtanzahl der Informationsklassen gesetzt werden. Des Weiteren ist es möglich den höchsten Grad der Kausalitätsschleifen für indirekte Schleifen pro Informationsklasse anzugeben. Eine weitere Kenngröße für die Komplexität des Systems ist die Anzahl der direkten Kausalitätsschleifen sowie die Anzahl der direkten Abhängigkeiten jeweils in Bezug zur Gesamtanzahl der Informationsklassen n_g.

4.2.2 Zuordnung der Eingangsgrößen zu Organisationseinheiten

Einzelinformationen und Parameter können in einem optimalen Prozess immer nur von einer bestimmten Rolle bereitgestellt werden. Aufgrund ihres organisatorischen

Verantwortungsbereiches besitzen sie die Kompetenz diese Information fachlich nachzuhalten und zu verteidigen. Aus diesem Grund werden auch die übergeordneten Informationsklassen einer eindeutig bestimmten Rolle im Modell zugewiesen. Wie bereits in Abschnitt 4.1.3 (S.51) erläutert, sind die Informationsklassen unter der Berücksichtigung von organisatorischen Randbedingungen definiert worden. Dies ist notwendig, um die dargestellten Analysen durchführen zu können.

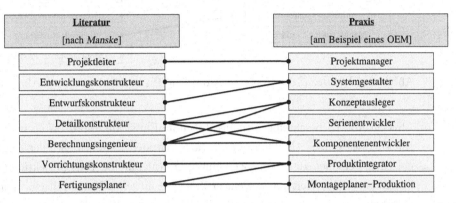

Abbildung 4.7: Bezug der Rollen im Modell zu den Berufsbildern nach Manske u. a. [75]

In der Literatur gibt es verschiedene Definitionen von Rollenbeschreibungen und Berufsbildern im Entwicklungsprozess. Manske u. a. [75] definierte im Umfeld des rechnergestützten Konstruierens acht relevante Berufsbilder (Abbildung 4.7). Seit den Anfängen der virtuellen Produktentstehung hat sich dieses Rollenverständnis im Laufe der Zeit geändert, wobei einige Grundzüge noch zu erkennen sind. So ist beispielsweise noch heute eine führende Rolle in Form eines Projektleiters oder Projektmanagers tätig. Dieser ist dafür verantwortlich, dass das entwickelte Produkt alle technischen und betriebswirtschaftlichen Anforderungen erfüllt. Für das Beispiel Fahrwerk mit Bezug auf produktionstechnische Belange sind dies vornehmlich funktionale und produktionstechnische Anforderung. Diese ergeben sich aus den vom Kunden gewünschten und im Gesamtfahrzeug dargestellten Eigenschaften. Die produktionstechnischen Anforderungen resultieren häufig aus betriebswirtschaftlichen Anforderungen, da es das Interesse eines Unternehmens ist das funktional beste Produkt mit wirtschaftlich geringstem Aufwand zu erzeugen.

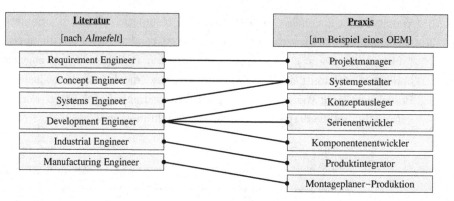

Abbildung 4.8: Bezug der Rollen im Modell zu den Berufsbildern nach Almefelt u. a. [2]

Almefelt u. a. [2] beschreibt ebenfalls Rollen im Entwicklungsprozess im Rahmen einer Anforderungsstudie (Abbildung 4.8). Er unterscheidet zusätzlich nach der Zugehörigkeit einzelner Personen zu einem sogenannten „Kernteam" oder als projektübergreifende Spezialisten. Des Weiteren bezieht er Zulieferer in seine Studie mit ein, indem er sie innerhalb der Verteilungsdarstellung der Umfrage als „Supplier" kennzeichnet. Diese modernere Form der Rolleneinteilung entspricht eher den bei einem OEM ablaufenden Prozessen. Allerdings fehlt an dieser Stelle eine detaillierte Beschreibung der Aufgaben und Kompetenzen der einzelnen Rollen. Das in dieser Arbeit verwendete Rollenmodell ist an das von Almefelt u. a. [2] angelehnt. Die Berufsbilder nach Manske u. a. [75] sind aufgrund neuartiger CA-Methoden und unternehmensübergreifenden Prozessstrukturen nur teilweise anwendbar. Der Bezug zu modernen Rollen ist dennoch erkennbar.

So ist beispielsweise das Berufsbild des Entwicklungs- und Entwurfskonstrukteurs nahezu vollständig im Aufgabenbereich des Systemgestalters enthalten. Dieser verantwortet ein stimmiges Gesamtkonzept einer Achse und treibt den Lösungsfindungsprozess mit dem Fokus der Zielerreichung. Die Ziele werden vom Projektmanager (Projektleiter oder Requirements Engineer) vorgegeben und stellen ein Optimum aus Funktion, Kosten, Gewicht, Zeitaufwand und Qualität dar. Der Systemgestalter muss im Rahmen der produktionstechnischen Integration dafür sorgen, dass das Fahrwerk die montageseitigen Anforderungen erfüllt. Dabei muss er nicht derjenige sein, der die konstruktive Umsetzung der einzelnen Komponente durchführt.

Die konstruktive Umsetzung ist die Aufgabe des Komponentenentwicklers. Der Aufgabenbereich des Komponentenentwicklers fasst im betrachteten Aufgabenbereich die Kompetenzen der Berufsbilder Detailkonstrukteur und Berechnungsingenieur zusammen. In der computergestützten und vernetzten Arbeitsweise sollten Konstruktion und Berechnung in nahezu gleichzeitigen, iterativen Arbeitsschritten stattfinden.

Eine Teilung dieser Aufgabenbereiche wäre nicht mehr nötig und würde die Entwicklungsdauer aufgrund zusätzlicher Schnittstellen und Datenüberträge negativ beeinflussen. Dennoch werden Komponentenentwickler in zwei Ausprägungen unterschieden. Der Konzeptausleger ist in der frühen Entwicklungsphase tätig, wenn primär projektübergreifende Entwicklungstätigkeiten durchgeführt werden. Dies entspricht in der Klassifizierung nach Almefelt u. a. [2] dem projektübergreifenden Spezialisten. In späteren Entwicklungsphasen übernimmt der Serienentwickler die komponentenbezogenen Entwicklungstätigkeiten. Dieser gehört zum Kernteam, da er nur noch eine fahrzeugspezifische Komponente verantwortet. Zu seinen Aufgaben im Rahmen der produktionstechnischen Integration gehört primär die Industrialisierung der Komponente bis hin zum Serienanlauf.

Die Umsetzung der Montage im Werk verantwortet der Montageplaner. Er entspricht dem Berufsbild des Fertigungsplaners und Vorrichtungskonstrukteurs nach Manske u. a. [75], bzw. dem Manufacturing Engineer nach Almefelt u. a. [2]. Der Montageplaner kennt die Anlagen und Bedingungen im Werk und kann detaillierte Informationen über die technische Umsetzbarkeit der Produktkonzepte hinsichtlich der verantworteten Montagelinie liefern. Seine Aufgabe ist es, dass die Fahrwerke innerhalb der geforderten Taktzeit montierbar sind und dabei alle Qualitätsansprüche erfüllen. Im konventionellen Entwicklungsprozess ist der Montageplaner erst ab der Zielvereinbarung eines Derivates involviert, was der Serienentwicklungsphase entspricht [51, S. 12]. In modernen Frontloading- oder Simultaneous-Engineering-Prozessen muss der Montageplaner bereits frühzeitig seinen Input für die Produktgestaltung liefern. Diese Zusammenhänge und Auswirkungen werden in den folgenden Abschnitten detailliert beschrieben.

Die Rolle des Produktintegrators ist eine Schnittstellenrolle zwischen Entwicklung und Produktion. Er kann in seinem Berufsbild nach Manske u. a. [75] lediglich dem Fertigungs- planer und Vorrichtungskonstrukteur zugeordnet werden oder dem Industrial Designer nach Almefelt u. a. [2], wobei dies nicht dem vollständigen Tätigkeitsprofil entspricht. Der Produktintegrator überprüft die Umsetzung der produktionstechnischen Anforderungen und leitet die Durchführung der systemübergreifenden Toleranzsimulationen. Er steigt bereits im Laufe der Konzeptentwicklungsphasen ein, ist allerdings inhaltlich auf Informationen von Systemgestalter, Komponentenentwickler und Montageplaner angewiesen. Dieser Missstand wird in Abschnitt 4.2.4 (S.93) aufgezeigt.

Die vollumfängliche Definition der Aufgaben und Kompetenzen erfolgt über die Zuordnung der Informationsklassen zu den Rollen. Inhaltlich wurden die Informationsklassen so definiert, dass eine spezifische Rolle die Parameter innerhalb der Informationsklasse bereitstellen kann. Folglich kann das Aufgabengebiet der Rollen über die Informationsklassen beschrieben werden. Die Zuordnung hat den Anspruch auf

Vollständigkeit, wobei die Abhängigkeiten zwischen den Einzelinformationen zu beachten sind. Der Zusammenhang zwischen Rollen und Informationsklassen ist organisatorischer Natur, womit eine Zuordnung der Informationsklassen zu Organisationseinheiten oder auch im Allgemeinen den Bereichen Entwicklung oder Produktion stattfindet.

DMM_{R1I}	Geometriedaten Komponenten	Geometriedaten Werkzeug	Geometriedaten System	Montagereihenfolge	Ausricht-/Haltekonzept	Schraubfalldaten	Statische Montagelagen	Dynamische Montageabläufe	Toleranzen aus Komponenten	Toleranzen aus System	Varianten	Kräfte aus Komponenten	Kräfte aus Werkzeug	Kräfte aus System
Projektmanager											x			
Systemgestalter			x		x									
Komponentenentwickler	x				x				x			x		x
Montageplaner		x		x	x			x					x	
Produktintegrator										x				

Abbildung 4.9: Zuordnung der Rollen zu Informationsklassen (DMM$_{R1I}$)

Jeder Informationsklasse kann genau eine Rolle zugewiesen werden, wobei eine Rolle mehrere Informationsklassen verantworten kann (Abbildung 4.9). Das hat zur Folge, das über die bestehenden technischen Abhängigkeiten aus DSM_I die sogenannten Informationsüberträge bestimmt werden können. Informationsüberträge sind Übergaben einzelner Informationen innerhalb zweier Informationsklassen, welche auf die dazugehörigen Rollen projiziert wurden. Praktisch bedeutet das, wenn eine Aussage bezüglich des Ausricht- und Haltekonzeptes durch den Montageplaner getroffen werden soll, benötigt dieser zunächst Informationen über die Toleranzen aus der Komponente vom Komponentenentwickler. Das bedeutet, dass der Komponentenentwickler mindestens eine Information an den Montageplaner übergeben muss. Dies wäre ein Informationsübertrag der Rolle Komponentenentwickler an die Rolle Montageplaner (Abbildung 4.10 und 4.11).

	Aufgabe 1	Aufgabe 2	Aufgabe 3	Aufgabe 4	Aufgabe 5	Person 1	Person 2	Person 3
Aufgabe 1	②	1		1				
Aufgabe 2		③	1	1				
Aufgabe 3				1				
Aufgabe 4	①				1			
Aufgabe 5								
Person 1	1				1			1 ⑤
Person 2	④	1		1				
Person 3			1					

Abbildung 4.10: Methodischer Hintergrund für die Ermittlung der Informationsüberträge

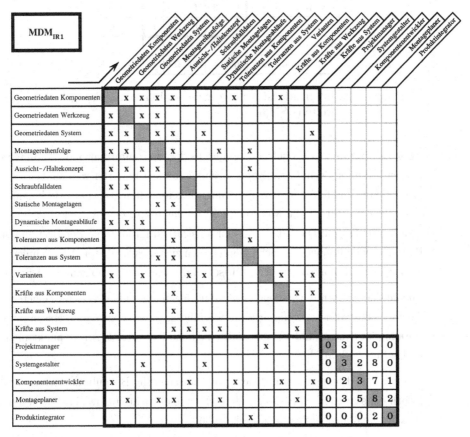

Abbildung 4.11: Herleitung der Informationsüberträge zwischen Rollen (MDM$_{IR1}$)

Werden analog dieser Logik die Abhängigkeiten für die gesamte DSM_I und $DMM_{R1\,I}$ fortgeführt, ergibt sich die folgende DSM_{R1} mit den resultierenden Informationsüberträgen aller Rollen untereinander auf Grundlage der Abhängigkeiten aus DSM_I (Abbildung 4.12). Zusätzlich wurden für die Rollen in DSM_{R1} die Aktiv- und Passivsummen sowie die Grade der Beeinflussung und Beeinflussbarkeit analog Beckmann [6] berechnet.

DSM_{R1}	Projektmanager	Systemgestalter	Komponentenentwickler	Montageplaner	Produktintegrator	Aktivsumme	Intensität Einflussnahme
Projektmanager	0	3	3	0	0	6	∞
Systemgestalter	0	3	2	8	0	13	1,2
Komponentenentwickler	0	2	3	7	1	13	1
Montageplaner	0	3	5	8	2	18	0,7
Produktintegrator	0	0	0	2	0	2	0,7
Passivsumme	0	11	13	25	3		
Intensität Beeinflussbarkeit	0	143	169	450	6		

Abbildung 4.12: Informationsüberträge zwischen Rollen und dazugehörige Eigenschaftswerte (DSM_{R1})

Über die Summen der liefernden und fordernden Informationen kann eine Rolle hinsichtlich ihrer Beeinflussung oder Beeinflussbarkeit bewertet werden. Die Darstellung dieser Bewertung findet in der sogenannten Eigenschaftsmatrix nach Beckmann [6] statt. Grundlage hierfür ist die Methode des „Papiercomputers" und lässt sich auf Vester [106] zurückführen. Die Rollen werden hinsichtlich ihrem Grad der Beeinflussung und Beeinflussbarkeit einer von vier Eigenschaften zugewiesen. Vester [106] definierte hierfür die Eigenschaften aktiv, reaktiv, kritisch und träge mit den folgenden Definitionen.

"*Aktive* sind Elemente, von denen viele Wirkungen auf andere Systemelemente ausgehen, die aber selbst von anderen nur wenig beeinflusst werden. Sie haben eine stabilisierende Wirkung im System und weisen somit eine hohe Eignung als Ansatzpunkt für Eingriffe in das Netzwerk auf."[6]

"*Reaktiv* sind Elemente, von denen nur eine schwache Beeinflussung ausgeht, auf die jedoch ein starker Einfluss von anderen Systemelementen einwirkt. Sie sind wenig für effektive Lenkungsmaßnahmen geeignet"[6]

"*Kritische* Elemente zeichnen sich durch eine vielfältige und starke Vernetzung aus. Diese Elemente bieten einen guten Ansatzpunkt für Eingriffe, bergen aber die Gefahr in sich, über Rückkopplungseffekte zum Ausgangspunkt einer Eigendynamik mit nicht vorhersehbaren Wirkungen werden zu können (Aufschaukelung des Systems). Eine Variation dieser Elemente sollte erst nach einer Nebenwirkungsanalyse (Simulation) erfolgen"[6]

"*Träge* bzw. *Puffernd* sind Elemente, die nur schwach auf andere Systemelemente wirken und auch nur schwach beeinflusst werden. Die Variation eines puffernden Elementes hat i.a. einen geringen Einfluss auf die Gesamtkonstellation. Vorsicht ist dann geboten, wenn die puffernde Wirkung auf einer Zeitverzögerung beruht."[6][3]

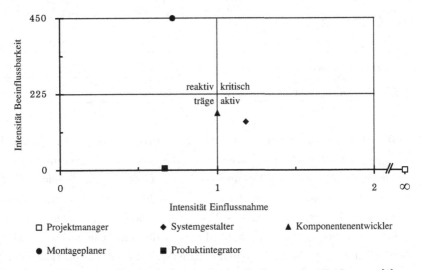

Abbildung 4.13: Eigenschaftsmatrix der Rollen analog Beckmann [6]

Nach den gegebenen Definitionen und Formeln ergibt sich für die relevanten Rollen im Entwicklungsprozess die in Abbildung 4.13 dargestellte Eigenschaftsmatrix. Für Rollen mit einer Passivsumme gleich Null wird ein Grad der Einflussnahme von unendlich angenommen. An der horizontalen Achse wird die Intensität der Einflussnahme angetragen. Die Achseneinteilung ist vom Minimalwert gleich Null bis zum Maximalwert gleich zwei definiert, wobei die Trennung zwischen den Eigenschaften träge und aktiv bei eins liegt. Die Elemente mit einer Intensität der Einflussnahme von unendlich sind rechts der Unterbrechung der horizontalen Achse eingefügt. An der vertikalen Achse wird die Intensität der Beeinflussung angetragen. Die Achseneinteilung ist vom Minimalwert gleich Null bis zum Maximalwert der höchsten Intensität der betrachteten Elemente definiert. Die Trennung zwischen den Eigenschaften träge und reaktiv liegt beim halben Maximalwert der Intensität der Beeinflussbarkeit. Dieser Wert ist im

---

[3]   nach Vester [106]

Beispiel der betrachteten Rollen 450, die Trennung liegt bei einem Wert von 225. Die Werte für die Intensitäten der Einflussnahme und Beeinflussbarkeit sowie die Zuordnung der Rollen zu den jeweiligen Eigenschaften, sind in Tabelle 4.1 (S.82) dargestellt.

Tabelle 4.1: Übersicht der rollenbezogenen Eigenschaften

Rolle	Intensität der Einflussnahme	Intensität der Beeinflussbarkeit	Eigenschaft
Projektmanager	∞	0	aktiv
Systemgestalter	$1,2$	143	aktiv
Komponentenentwickler	1	169	träge, aktiv
Montageplaner	$0,7$	450	reaktiv
Produktintegrator	$0,7$	6	träge

Wie deutlich zu erkennen ist, wird dem Projektmanager die Eigenschaft „aktiv" zugewiesen. Der Grund hierfür ist, dass er im Betrachtungsumfang lediglich Informationen bereitstellt und keine einfordert, was wiederum ein Resultat seines Verantwortungsbereiches ist. Er definiert die Varianten und somit den zu entwickelnden Umfang des Fahrwerks. Dieser ergibt sich wiederum aus den Gesamtfahrzeuganforderungen. Da diese allerdings nicht betrachtet wurden, fordert der Projektmanager für den Systemumfang Fahrwerk keine Informationen ein. Er ist somit als Kunde der Fahrwerkentwicklung zu betrachten.

Dem Systemgestalter wurde ebenfalls die Eigenschaft „aktiv" zugeordnet, allerdings ist dies eine Folge seiner steuernden Funktion während des Entwicklungsprozesses. Bei dieser Rolle laufen alle Komponentenentwicklungen zusammen und werden durch diese hinsichtlich der Erfüllung der Anforderungen koordiniert. Dies ist besonders in den acht Informationsüberträgen vom Systemgestalter an den Montageplaner begründet. Die Einordnung des Systemgestalters innerhalb der Eigenschaftsmatrix ist dennoch im rechten Bereich des aktiven Quadranten, da die Informationsüberträge zwischen Systemgestalter und Komponentenentwickler ausgeglichen sind und der Systemgestalter drei Informationsüberträge vom Projektmanager erhält. Folglich kann die Rolle des Systemgestalters als zentral innerhalb der Fahrwerkentwicklung betrachtet werden.

Komponentenentwickler werden die Eigenschaften „aktiv" und „träge" gleichermaßen zugewiesen. Methodisch ist dies in der gleichen Aktiv- und Passivsumme begründet. In Bezug zur Praxis ist dieses Ergebnis valide, da viele produktionstechnische Anforderungen, welche auf das System Fahrwerk wirken, durch die Einzelkomponenten umgesetzt und erfüllt werden müssen. Folglich ist der Komponentenentwickler im gleichen Maß vom System abhängig, wie er es bestimmt.

Der Rolle Montageplaner wird als einziger die Eigenschaft „reaktiv" zugewiesen. Diese Rolle hat die höchste Anzahl an Informationsüberträgen, sowohl liefernd, als auch fordernd. Der Fokus liegt jedoch auf der Anzahl der erhaltenen Informationen, was bedeutet, dass der Montageplaner eine Vielzahl an Informationen benötigt, um seine Informationen liefern zu können. Er hat somit im Entwicklungsprozess eine ausführende und umsetzende Ausprägung, an Stelle einer gestaltenden. Dieser Effekt wird durch die hohe Anzahl interner Schnittstellen verstärkt (acht Informationsüberträge von Montageplaner an Montageplaner).

Dem Produktintegrator wird die Eigenschaft „träge" zugewiesen. Diese Rolle stellt, ähnlich wie die Rolle des Projektmanagers, eine Besonderheit dar, da der Produktintegrator hauptsächlich die Integration des entwickelten Achskonzeptes hinsichtlich aller Toleranzlagen betrachtet. Die Eingangsgrößen für die Montagetoleranzen kommen primär von den Komponentenentwicklern und die Ergebnisse der systembezogenen Toleranzen werden an den Montageplaner weitergegeben. Folglich ist die Rolle des Produktintegrators durch die Übergabe von Informationen charakterisiert.

Um den analysierten Prozess optimal zu beeinflussen, sollten die Informationsüberträge zwischen den Rollen Systemgestalter, Komponentenentwickler und Montageplaner detaillierter betrachtet werden. Dies ist darin begründet, dass diese drei Rollen, mit 41 von 52 Informationsüberträgen, 79 Prozent aller Informationsüberträge durchführen. Welche dieser Informationsüberträge als kritisch betrachtet werden müssen, ist abhängig von den jeweiligen Inhalten und Einzelinformationen.

4.2.3 Komponenten- und Modulbezug

Der Komponentenbezug dient dazu, eine Abschätzung hinsichtlich kritischer Informationsüberträge oder Kausalitätsschleifen in Bezug auf eine bestimmte Komponente oder ein bestimmtes Modul aufzuzeigen. Hierfür sind mehrere Schnittstellen zu definieren. Zum einen die Verbindung zwischen den Komponenten und Modulen in Form von Verbindungsstellen, zum anderen zwischen den in der Praxis verwendeten Modulen mit den in der Literatur vorgestellten Klassifizierungen. Ferner ist die Verbindung zwischen Informationsklassen und Modulen aufzuzeigen.

Bezug zwischen Komponenten und Modulen

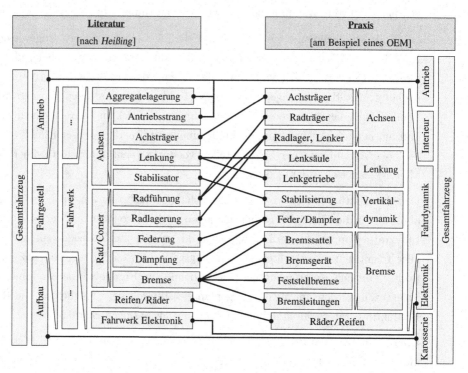

Abbildung 4.14: Gegenüberstellung der Klassifizierung von Fahrwerkkomponenten in Wissenschaft und Praxis

Als wissenschaftliche Referenz dient die modulare Struktur des Fahrwerks nach Heißing u.a. [49, S. 157]. Im Gegensatz zur funktionellen Struktur des Fahrwerks [49, S. 156], ist die modulare Struktur baugruppen- und montageorientiert. Diese Eigenschaft ist von Vorteil, wenn der Bezug zu produktionstechnischen Anforderungen gesetzt werden soll. Um den Bezug zur praktischen Anwendung in Kapitel 6 und der entwickelten Methodik in Kapitel 5 zu ziehen, sind die Ebenen der modularen Struktur mit der in der Praxis verwendeten Modulstruktur in Beziehung gesetzt worden. Diese Modulstruktur ist noch tiefer in Komponenten bzw. Komponentengruppen detailliert und hat den Vorteil, dass einzelne Verbindungsstellen direkt aus der Beziehung zweier Komponenten hervorgehen. Der Zusammenhang zwischen den Ebenen der modularen Struktur nach Heißing u.a. [49], den praxisorientierten Modulen und deren Komponenten ist in Abbildung 4.14 dargestellt.

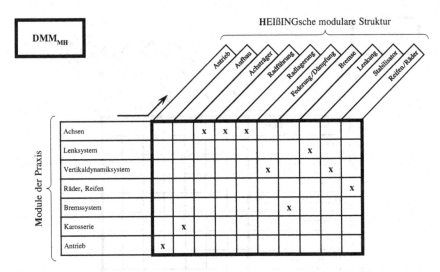

Module der Praxis \ HEIßINGsche modulare Struktur	Antrieb	Aufbau	Achsträger	Radführung	Radlagerung	Federung/Dämpfung	Bremse	Lenkung	Stabilisator	Reifen/Räder
Achsen			X	X	X					
Lenksystem								X		
Vertikaldynamiksystem						X			X	
Räder, Reifen										X
Bremssystem							X			
Karosserie		X								
Antrieb	X									

Abbildung 4.15: DMM$_{MH}$ der Klassifizierungen von Komponenten in Wissenschaft und Praxis

In 4.15 ist dieser Zusammenhang in Form der DMM_{MH} dargestellt. Mit dieser Form der Darstellung ergibt sich die Möglichkeit die Beziehung auf Komponentenebene zwischen Literatur und Praxis in das generische Modell für produktionstechnische Anforderungen aufzunehmen. Wie deutlich zu erkennen ist, sind diese Strukturen sehr ähnlich. Jedem Modul der Praxis kann genau eine Ebene der modularen Struktur zugewiesen werden, mit der Ausnahme des Moduls Achsen. Dieses Modul umfasst die Ebenen Achsträger, Radführung und Radlagerung.

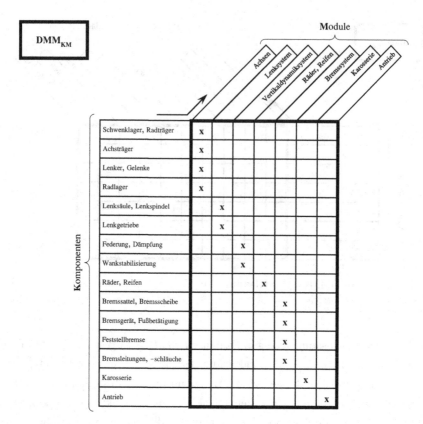

Abbildung 4.16: DMM$_{KM}$ mit der Zuordnung der einzelnen Komponenten zu Modulen in der Praxis

Diese fehlende Eindeutigkeit kann über den Bezug zur einzelnen Komponente in der praxisorientierten Modulstruktur aufgelöst werden (Abbildung 4.16). An dieser Stelle wird deutlich, dass auch in der Praxis nach Radträger, Achsträger, Lenkern und Radlagerung unterschieden wird. Diese Unterteilung ist insofern sinnvoll, da Komponenten in Bezug auf ihre Entwicklungsdauer und Variationstiefe in Form von Baukastenkomponenten und sogenannten „Langläufer"-Komponenten unterschieden werden. Baukastenkomponenten, wie beispielsweise Radlager, haben eine deutlich kürzere Entwicklungsdauer oder sind gänzlich fixiert. Aus diesem Grund können diese nur geringfügig auf die Anforderungen eines bestimmten Fahrzeuges abgestimmt werden. Langläufer-Komponenten haben, wie durch den umgangssprachlichen Namen bereits angedeutet wird, eine deutlich längere Entwicklungsdauer. Dies liegt häufig an der Komplexität der funktionalen Anforderungen und den daraus resultierenden umfangreichen Entwicklungs- und Absicherungsaufgaben. Beispiele hierfür sind der Achsträger oder das Lenkgetriebe mit einer Entwicklungsdauer von mehreren Jahren.

Des Weiteren ist es mit dieser detaillierten Form der Strukturierung möglich Rückschlüsse auf einzelne Verbindungsstellen zu ziehen. Dies ist besonders in Bezug auf produktionstechnische Anforderungen von Bedeutung, da sich diese Verbindungsstellen häufig auf die mechanische Verbindung zweier Komponenten beziehen. Bezugnehmend auf die in Kapitel 5 definierte und in Kapitel 6 angewendete Methodik, werden die Verbindungsstellen einer Doppelquerlenker-Vorderachse mit aufgelöster unterer Lenkerebene abgebildet (Abbildung 4.17). Mit Hilfe der DSM-Methodik wird die Anzahl der sogenannten konzeptrelevanten Verbindungsstellen (siehe Abschnitt 5.2.2) zwischen den Komponenten definiert.

DSM_K	Radträger	Achsträger	Lenker, Gelenke	Radlager	Lenksäule, Lenkspindel	Lenkgetriebe	Federung, Dämpfung	Wankstabilisierung	Räder, Reifen	Bremssattel, -scheibe	Bremsgerät	Feststellbremse	Bremsleitungen, -schläuche	Karosserie	Antrieb
Radträger	0														
Achsträger	0	0													
Lenker, Gelenke	3	2	0												
Radlager	4	0	0	0											
Lenksäule, Lenkspindel	0	0	0	0	0										
Lenkgetriebe	1	2	0	0	1	0									
Federung, Dämpfung	0	0	1	0	0	0	0								
Wankstabilisierung	0	2	0	0	0	0	1	0							
Räder, Reifen	0	0	0	5	0	0	0	0	0						
Bremssattel, -scheibe	2	0	1	0	0	0	0	0	0	0					
Bremsgerät	0	0	0	0	0	0	0	0	0	0	0				
Feststellbremse	0	0	0	0	0	0	0	0	0	0	0	0			
Bremsleitungen	0	0	0	0	0	0	0	0	0	1	1	0	1		
Karosserie	0	3	2	0	7	0	3	0	0	0	2	0	0	0	
Antrieb	0	3	1	0	0	0	0	0	0	0	0	0	0	6	0

Abbildung 4.17: DSM_K mit den Verbindungen der Komponenten untereinander (Konzeptrelevante Verbindungsstellen)

Die für diesen Achstyp spezifischen Verbindungsstellen können aufgrund der in Abbildung 4.15 (S.85) und 4.16 (S.86) definierten Beziehungen auf die praxisbezogenen Module und die wissenschaftlichen Ebenen der modularen Struktur nach Heißing u. a. [49] bezogen werden (Abbildung 4.18 S.88). Ein weiterer daraus resultierender Vorteil ist, dass über die Komponente eine generische Verbindungsstelle in Beziehung gesetzt werden kann. Die Methode der generischen Verbindungsstelle und der damit verbundenen generischen Montageschritte wird in Abschnitt 5.2.3 detailliert beschrieben.

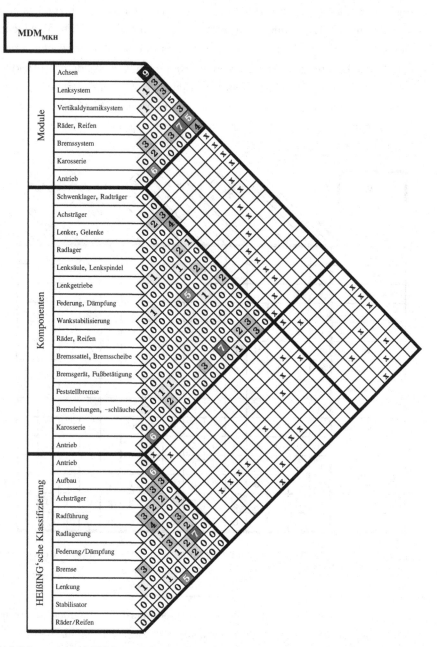

Abbildung 4.18: MDM$_{MKH}$ mit den Beziehungen zwischen Komponenten, Modulen der Praxis und der modularen Struktur nach Heißing u. a. [49]

Bezug zwischen Komponenten und Rollen

Der Bezug zwischen Komponenten und Rollen ist aus zwei Gründen von Relevanz. Zum einen kann die Verantwortung bezüglich der Entwicklung einer Komponente auf eine bestimmte Rolle dargestellt werden. So ist transparent dargestellt, welcher Entwickler und Montageplaner beispielsweise für welche Komponenten oder Teilsysteme verantwortlich sind. Falls Herausforderungen während der Entwicklung auftreten, haben alle Parteien bereits die richtigen Abstimmpartner zugewiesen. Des Weiteren ist es möglich, Rollen bestimmten konzeptrelevanten Verbindungsstellen zuzuweisen. Dies ist besonders bei Montageanforderungen relevant, da diese primär auf die Verbindung zweier Komponenten abzielen. Als Bezug wird in den folgenden Absätzen das praxisorientierte Modul herangezogen.

Um einen eindeutigen Bezug zwischen Rolle und Modul definieren zu können, müssen die beschriebenen Rollen weiter detailliert werden (Abbildung 4.19). Diese Detaillierung ist bei den Rollen Komponentenentwickler und Montageplaner notwendig. Für jedes Modul gibt es in der Praxis einen Komponentenentwickler. Folglich sind in Summe fünf Komponentenentwickler definiert. Die Montageplaner werden in der Praxis hinsichtlich des Montageabschnittes unterschieden. Vereinfacht kann angenommen werden, dass ein Montageplaner die Achsvormontagen und ein weiterer den sogenannten Aggregateeinbau verantwortet. Folglich werden als Rollen der Montageplaner-Achse und der Montageplaner-Aggregateeinbau definiert.

DMM$_{R1R2}$	Projektmanager	Systemgestalter	Komponentenentwickler	Montageplaner	Produktintegrator
Projektmanager	x				
Systemgestalter		x			
Komponentenentwickler Achsen			x		
Komponentenentwickler Lenksystem			x		
Komponentenentwickler Vertikaldynamiksystem			x		
Komponentenentwickler Räder, Reifen			x		
Komponentenentwickler Bremssystem			x		
Montageplaner Achse				x	
Montageplaner Aggregateeinbau				x	
Montageplaner Räder, Reifen				x	
Produktintegrator					x

Abbildung 4.19: DMM$_{R1R2}$ mit der Zuordnung der detaillierten Rollen zu den beschriebenen Rollen

Die Zuordnung der detaillierten Rollen $R2$ zu den allgemeinen Rollen $R1$ ist in Abbildung 4.19 dargestellt. Als Grundlage dient die dargestellte Domain-Mapping-Matrix mit den Entitäten $R1$ und $R2$. Der Bezug der detaillierten Rollen zu den Modulen erfolgt mit Hilfe der Komponenten. Diese Zuordnung erfolgt in der DMM_{R2K} und ist in Abbildung 4.20 dargestellt.

DMM_{R2K}	Radträger	Achsträger	Lenker, Gelenke	Radlager	Lenksäule, Lenkspindel	Lenkgetriebe	Federung, Dämpfung	Wankstabilisierung	Räder, Reifen	Bremssattel, -scheibe	Bremsgerät	Bremsleitungen, -schläuche	Feststellbremse	Karosserie	Antrieb
Projektmanager	X	X	X	X	X	X	X	X	X	X	X	X	X		
Systemgestalter	X	X	X	X	X	X	X	X	X	X	X	X	X		
KE Achsen	X	X	X	X											
KE Lenksystem					X	X									
KE Vertikaldynamiksys.							X	X							
KE Räder, Reifen									X						
KE Bremssystem										X	X	X	X		
MP Achse	X	X	X	X		X	X	X		X	X	X	X		X
MP Aggregateeinbau		X			X									X	
MP Räder, Reifen									X						
Produktintegrator	X	X	X	X	X	X	X	X		X	X	X	X	X	X

Abbildung 4.20: DMM_{R1K} mit der Zuordnung zwischen den detaillierten Rollen und den Komponenten

Es wird deutlich, dass jede Rolle eindeutig bestimmten Produktumfängen zugeordnet werden kann. Eine Besonderheit stellen jedoch die Komponenten bzw. Module Karosserie und Antrieb dar. Diese nicht dem Fahrwerk zuordenbaren Fahrzeugumfänge werden in der Methode nur sekundär betrachtet. Da viele produktionstechnische Anforderungen jedoch auch vom Antrieb oder der Karosserie beeinflusst werden, sind diese mit aufgeführt aber nicht weiter detailliert. Des Weiteren ist besonders im Prozess der Hochzeit der Einfluss dieser Module von Relevanz. Da es sich dabei um einen zentralen Produktionsprozess handelt sind nur die Rollen der Produktion dem Antrieb oder der Karosserie zugeordnet, welche auch die Umfänge des Aggregateeinbaus verantworten. Die Entwicklung dieser Module wurde nicht betrachtet. Dies ist insofern möglich, da es sich bei den übergreifenden Schnittstellen zwischen Fahrwerk, Karosserie und Antrieb vornehmlich um standardisierte Schnittstellen handelt oder diese mit Hilfe von Adapterbauteilen standardisiert werden.

DMM$_{R2M/H}$	Achsen	Lenksystem	Vertikaldynamiksystem	Räder, Reifen	Bremssystem	Karosserie	Antrieb	Antrieb	Aufbau	Achsträger	Radführung	Radlagerung	Federung/Dämpfung	Bremse	Lenkung	Stabilisator	Reifen/Räder
Projektmanager	X	X	X	X	X			X	X	X	X	X	X	X	X		
Systemgestalter	X	X	X	X	X			X	X	X	X	X	X	X	X		
KE Achsen	X							X	X	X							
KE Lenksystem		X													X		
KE Vertikaldyn.			X									X		X			
KE Räder				X												X	
KE Bremssystem					X									X			
MP Achse	X	X	X		X		X	X	X	X	X	X	X	X			
MP Agg-Einbau	X	X			X		X	X	X	X	X			X			
MP Räder				X													X
Produktintegrator	X	X	X		X	X	X	X	X	X	X	X	X	X	X	X	

Abbildung 4.21: DMM$_{R1K}$ mit der Zuordnung der detaillierten Rollen zu den Modulen der Praxis und der modularen Struktur nach Heißing u. a. [49]

In Abbildung 4.21 wird nochmals deutlich, dass jeder Komponentenentwickler genau ein Modul verantwortet und somit ein Experte für den jeweiligen Bauteilumfang ist. Systemgestalter und Projektmanager sind nach den Zuordnungen der Produktumfänge übergreifende bzw. steuernde Rollen. Die Rollen der Produktion können nicht eindeutig einem Produktumfang zugewiesen werden. Das ist eine Folge der organisatorischen Struktur des Unternehmensbereiches Produktion, da die Montageplaner vornehmlich nach Produktionsprozess und Montageabschnitten unterteilt sind. Das kleinste in dieser Arbeit betrachtete Element des Montageablaufes ist der Montageschritt. Da Montageschritte primär auf die Verbindungsstellen zweier Komponenten abzielen, kann auch der Rolle Montageplaner bestimmte Verbindungsstellen zugeordnet werden. Dieser Sachverhalt wird in DMM_{R2K} aus Abbildung 4.20 (S.91) deutlich. Unter Betrachtung der Komponente Achsträger fällt auf, dass diese Komponente von beiden Montageplanern verantwortet wird, bzw. jeder Montageplaner mindestens eine Verbindung am Achsträger in einem von ihm verantworteten Prozessschritt herstellen muss. Der Montageplaner Achse verantwortet die Verbindungsstellen Querlenker unten an Achsträger sowie Zugstrebe an Achsträger, da diese Verbindungen während des Montageabschnittes Achsvormontage gefügt werden. Die Verbindung Achsträger an Karosserie verantwortet der Montageplaner Aggregateeinbau, da diese Verbindungsstelle ein zentrales Element der Hochzeit ist.

Eine weitere Auffälligkeit ist die produktionsseitige Verantwortlichkeit für das Modul Räder/Reifen. Hier gibt es in der Praxis keine eindeutig zugewiesene Rolle um den dazugehörigen Montageprozess sicherzustellen. Dies wird in den einzelnen Werken unterschiedlich und nicht übergreifend gleich geregelt. Der einzige damit verbundene Prozessschritt ist die Radmontage. Aufgrund des hohen Standardisierungsgrades der Verbindung Rad an Radlager, kann das Fehlen dieser Zuständigkeitsdefinition vernachlässigt werden. In der Praxis sichert diesen Prozess häufig ein Planer der Karosserie- oder Hauptbandumfänge ab. Eine Übersicht über die vollständige Verantwortungsverteilung über alle Produktumfänge ist den Domain-Mapping-Matrizen DMM_{R1K}, DMM_{R1M} und DMM_{R1H} zu entnehmen (Abbildung 4.22).

Abbildung 4.22: DMM$_{RKM}$ mit der Zuordnung der Rollen zu den Modulen der Praxis, den Komponenten und der modularen Struktur nach Heißing u. a. [49][4]

4.2.4 Phasen- und Reifegradbezug

Als Grundlage dient das Reifegradmodell, welches im Rahmen der Studienabschlussarbeit von Herrn Angelov ausgearbeitet wurde. Die Informationsklassen wurden in verschiedenen Reifegraden definiert. Über eine empirische Datenerhebung mit 548 einzelnen Dateneinträgen, ist eine zeitliche Verteilung der Reifegrade für jede Informationsklasse ermittelt worden (siehe Anlage 1). Hierbei wird zwischen der frühest möglichen Bereitstellung und der spätest möglichen Forderung einer Information unterschieden. Diese Unterscheidung obliegt der Tatsache, ob während der Befragung eine Person die Information verantwortet und bereitstellt oder benötigt und fordert.

In der Literatur bestehen bereits verschiedene Reifegradmodelle. Diese sind in Abbildung 4.23 hinsichtlich der Anwendung für die produktionstechnische Integration der frühen Entwicklungsphase untersucht und bewertet. Keines der betrachteten Modelle ist für die Anwendung in der frühen Entwicklungsphase geeignet, da diese nicht die Volatilität der Informationsverfügbarkeit in frühen Entwicklungsphasen abbilden können. Ferner wurden Eigenschaften wie die Unterstützung bereichsübergreifender

---

[4]   Abbildung verkleinert - Originalgröße siehe Anlage 2

4.2 Darstellung der Anforderungskomplexität

Entwicklungsarbeiten, Produktgestaltung, Bewertbarkeit von Montagebelangen oder das Übertragen der Ergebnisse auf andere Phasen im Produktentwicklungsprozess untersucht.

Reifegradmodelle \ Bewertungskriterien	Anwendung in Vorentwicklungsphase	Bereichsübergreifende Zusammenarbeit	Variantengerechte Produktgestaltung	Montagegerechte Produktgestaltung	Phasengerechte Produktgestaltung	Darstellung von strategischen Montagezielen	Integration anderer Produktentwicklungsprozesse	Bereitstellung von Prozess- und Gestaltungsrichtlinien	Transparente Darstellung und Dokumentation
New Product Development & Design Management	○	◑	○	◑	○	○	◑	◑	◑
Business Process Management	○	○	○	○	○	○	○	○	◑
Business Process for medium-sized-enterprises	○	○	○	○	○	○	○	○	◑
Project Management	○	◑	○	○	○	○	○	○	●
Lean Innovation Management	○	◑	◑	○	○	○	○	○	●
Reifemodell für produktionstechnische Integration	●	●	●	●	●	◑	◑	●	●

Abbildung 4.23: Vergleich bestehender Reifegradmodelle mit Fokus auf produktionstechnischen Merkmalen auf Grundlage Halfmann u. a. [48]

Die untersuchten Reifegradmodelle sind primär für die Anwendung in späteren Entwicklungsphasen entwickelt worden und orientieren sich oft an prozessualen Mess- und Steuergrößen. Diese sind beispielsweise das Vorliegen der Lasten- oder Pflichtenhefte für Komponenten oder der Grad zu welchem ein Prozess durchgeführt wurde. Des Weiteren wurden Reifegradmodelle aus entfernten wissenschaftlichen Bereichen untersucht. Diese wurden jedoch aufgrund ihres thematischen Fokus nicht in der Bewertung näher betrachtet.

- Reifegradmodell für Projektmanagement mit Fokus auf die Pharmaindustrie nach Cooke-Davies u. a. [22] und Grant u. a. [47]

- Telecom Software Assessment System mit Fokus auf Entwicklung und Instandhaltung nach April u. a. [3].

- Reifemodell für wissensbasierte Geschäftsprozesse für kleine und mittelgroße Unternehmen nach Jochem u. a. [56]

- Reifematrix für wissensbasierte Änderungsprozesse im Umfeld der Produktentwicklung nach Storbjerg u. a. [101].

- „Lean Innovation"-Reifemodell nach Schuh [93].

Das erarbeitete Modell bezieht sich auf die Einzelinformationen innerhalb der Informationsklassen. Je nach Vorliegen dieser Einzelinformationen wird der Reifegrad der Informationsklasse bestimmt. Dabei wurde auf Grundlage von Expertenabschätzungen definiert, welche Einzelinformation wie detailliert vorliegen muss. Dafür werden drei Reifegrade unterschieden. „Reifegrad 1" entspricht eine Neuentwicklung für die bisher im Rahmen der industriellen Serienproduktion keine vergleichbare Lösung besteht. Dies ist am Beispiel der Komponente Schwenklager eine Variante für ein Allradfahrzeug, vorausgesetzt die bisherigen Entwicklungen waren ausschließlich heckgetriebene Fahrzeuge. Eine Abschätzung auf Grundlage eines Vorgängerfahrzeuges würde dem „Reifegrad 2" entsprechen. Das bedeutet, dass ein solches Konzept grundsätzlich schon in Serienproduktion gefertigt wurde, allerdings aufgrund anderer Einflussgrößen angepasst werden muss. „Reifegrad 3" entspricht dem Vorliegen aller Parameter innerhalb der Informationsklasse. Folglich können bereits verlässlich detaillierte Aussagen bezüglich dieser Klasse getroffen werden. Im Umkehrschluss bedeutet dies allerdings auch, dass eine Änderung einer Einzelinformation innerhalb der Klasse große Auswirkungen auf direkt betroffene Informationsklassen nach sich zieht (siehe Abschnitt 4.2.1). Die Reifegrade, inklusive dem Grad des Vorliegens einer Information, sind in Abbildung 4.24 dargestellt.

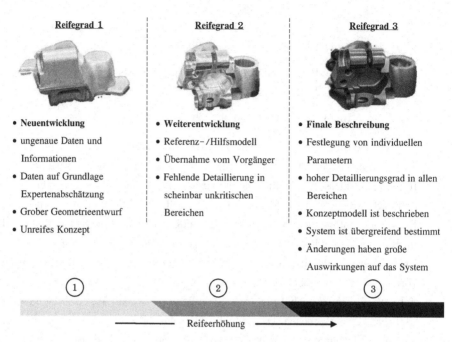

Abbildung 4.24: Übersicht aller Reifegrade inklusive inhaltlicher Beschreibung[5]

Empirische Datenerhebung

Im Rahmen der Datenerhebung wurden 22 Personen befragt. Diese haben für insgesamt 38 Einzelinformationen aus allen 14 Informationsklassen eine Aussage über die notwendige Reife der Informationen getroffen. Als notwendiger Reifegrad ist der Übergang von Reifegrad zwei auf Reifegrad drei definiert. Dies ist darin begründet, dass im Rahmen der Entwicklung zu allen Informationen Vorgängerinformationen verfügbar sind. Selbst bei neuartigen Technologien gibt es bei der Mehrzahl von Informationen Richtwerte und Standards, welche die Entwickler in einer sehr frühen Phase verwenden können. Folglich hat jede Person die Phase angegeben, zu welcher eine Information detailliert vorliegen muss. Grundlage hierfür waren die Erfahrung und das Fachwissen der befragten Personen. Für die Anwendung in Vorentwicklungsprojekten sollte allerdings zusätzlich der Übergang von Reifegrad 1 auf Reifegrad 2 betrachtet werden.

---

[5] Abbildung auf Grundlage der Studienabschlussarbeit von Danail Angelov

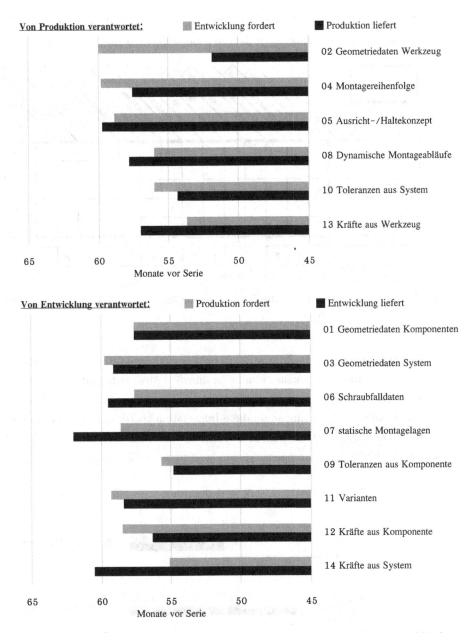

Abbildung 4.25: Übersicht der Mittelwerte vom Zeitpunkt der Forderung und Lieferung aller Informationsklassen

Abbildung 4.25 stellt eine vollständige Übersicht der Mittelwerte der erhobenen Zeitpunkte aller Informationsklassen dar. Zudem wurden die Aussagen nach geforderten und gelieferten Informationen unterteilt. Die Unterteilung wurde aufgrund der

Übersichtlichkeit auf Rollen der Unternehmensbereiche Entwicklung oder Produktion reduziert. Die Zuordnung der Rollen ist Abbildung 4.26 zu entnehmen.

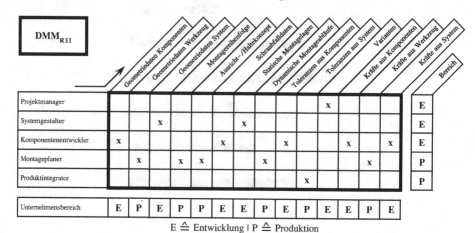

Abbildung 4.26: Zuordnung der Rollen und der Informationsklassen zum Unternehmensbereich

Hintergrund der Unterteilung ist, dass beispielsweise eine Rolle der Entwicklung keine Aussage darüber treffen kann, wann eine sinnvolle Aussage bezüglich dem Absteck- und Haltekonzept frühestens vorliegen kann. Allerdings ist es möglich, dass der Entwickler eine Aussage treffen kann, wann diese Information spätestens bei ihm vorliegen muss, damit Folgeprozesse nicht aufgrund fehlender Information behindert werden. Auch ist der Abbildung 4.25 zu entnehmen, welcher Streuung die Aussagen unterliegen.

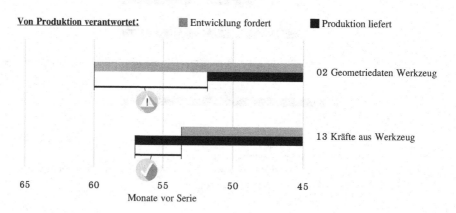

Abbildung 4.27: Beispiel für eine vorhandene oder eine nicht vorhandene Information

Die Streuung dient als Grundlage für die Abschätzung der Wahrscheinlichkeit des Vorliegens einer Information. Abbildung 4.27 stellt die beiden Extrembeispiele mit einer Wahrscheinlichkeit von Null bzw. Hundert Prozent dar, dass die Information zum Zeitpunkt des Einforderns auch verfügbar ist. Die Information liegt zu null Prozent in der notwendigen Reife vor, wenn der Mittelwert der geforderten Information zeitlich vor dem Mittelwert der gelieferten Information liegt und sich deren Streuungen nicht schneiden. Für eine hundertprozentige Wahrscheinlichkeit ist die Lage der Mittelwerte vertauscht.

Ein weiterer Effekt in der Informationsbereitstellung ist die Datenaktualität. Es ist möglich, dass eine Information vor der Forderung geliefert wurde, dies allerdings so viel früher geschah, dass die Information bereits zum Zeitpunkt der Forderung aufgrund des volatilen Umfeldes nicht mehr aktuell ist und erneut geliefert werden muss. Aus diesem Grund ist es notwendig die Effizienz der Datenbereitstellung zu ermitteln. Je näher die Mittelwerte der geforderten und gelieferten Zeitpunkte für die Bereitstellung der Informationen beieinander liegen, desto höher ist die Effizienz. Allerdings darf der Einfluss der Streuung nicht vernachlässigt werden. Folglich müssen die Wahrscheinlichkeitsverteilungen der einzelnen Informationsbereitstellungen berechnet werden.

Als Grundlage wurde eine Normalverteilung angesetzt. Dies ist darin begründet, dass aufgrund der geringen Anzahl der verfügbaren Personen, die symmetrische Orientierung um den Mittelwert als Vereinfachung zielführend ist. Ferner ist das Anwenden einer Binomialverteilung nicht möglich, da die Antwortmöglichkeiten größer zwei waren und die Wahrscheinlichkeit der Einzelereignisse nicht gleich ist.

Mathematischer Hintergrund für die Anwendung der Normalverteilung ist der zentrale Grenzwertsatz, da dieser die Stichprobenverteilung beschreibt. Das bedeutet, dass auch bei einer nicht gleich verteilten Grundgesamtheit der Daten eine normalverteilte Stichprobenverteilung vorliegen kann. Dies ist allerdings von der Stichprobengröße und der tatsächlichen Häufigkeitsverteilung der Ereignisse abhängig. Da im angewandten Beispiel die mittlere Anzahl der Ereignisse bei 38,6 Aussagen pro Informationsklasse liegt und der kleinste Wert zehn ist, ist diese Mindestanzahl annähernd erreicht.

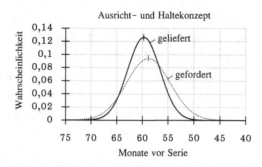

Abbildung 4.28: Normalverteilungen für geforderte und gelieferte Informationsbereitstellungen der Informationsklasse „Ausricht-/ Haltekonzept"

In Abbildung 4.28 sind die Normalverteilungen der geforderten und gelieferten
Informationsbereitstellungen der Informationsklasse Ausricht- und Haltekonzept
dargestellt. Wie deutlich zu erkennen ist, liegen die Maxima der Graphen nah beieinander
und die Differenz der Standardabweichungen ist relativ klein. In der Praxis bedeutet
das, dass die Entwickler die Information circa zum selben Zeitpunkt fordern, wie diese
seitens der Produktion sinnvoll bereitgestellt werden kann. Somit ist die Information
verfügbar und mit hoher Wahrscheinlichkeit aktuell. Um eine mathematische Größe für
die Effizienz der Informationsbereitstellung zu definieren, bietet sich das Verhältnis der
Flächen unter den Graphen der Wahrscheinlichkeitsverteilungen unter Berücksichtigung
deren Schnittmenge an (Abbildung 4.29).

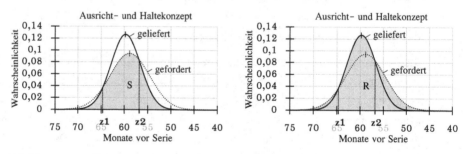

Abbildung 4.29: Schnittfläche und Referenzfläche der Normalverteilungen für die
Informationsklasse „Ausricht-/Haltekonzept"

Wie in Abbildung 4.29 dargestellt, ist die Effizienz der Datenbereitstellung E_B
die Schnittmenge der Flächen unter den Wahrscheinlichkeiten in Bezug zur
Entwicklungsphase. Sie wird in Prozent angegeben und stellt das Verhältnis zwischen
der Schnittmenge S und der Referenzmenge R dar. Die Referenzmenge R ist definiert
mit der Summe der Flächen unter beiden Graphen W_L und W_F abzüglich der
Schnittmenge S.

Gleichung 4.11 für die Effizienz der Bereitstellung E_B aus der Schnittmenge S und der Referenzmenge R:

$$E_B = \frac{S}{R} \tag{4.11}$$

Gleichung 4.12 für die Referenzmenge R aus den Einzelflächen W_L und W_F sowie der Schnittmenge S:

$$R = W_L + W_F - S \tag{4.12}$$

Gleichung 4.13 für die Wahrscheinlichkeit der Informationslieferung W_L:

$$W_L = \int \phi_L(z)dz \tag{4.13}$$

Gleichung 4.14 für die Wahrscheinlichkeit der Informationsforderung W_F:

$$W_F = \int \phi_F(z)dz \tag{4.14}$$

Gleichung 4.15 für die Referenzmenge R aus Gleichung 4.12, 4.13 und 4.14:

$$R = \int \phi_L(z)dz + \int \phi_F(z)dz - S \tag{4.15}$$

Gleichung 4.16 für die Gesamtwahrscheinlichkeiten W_L und W_F:

$$W_L = \int_{-\infty}^{\infty} \phi_L(z)dz = W_F = \int_{-\infty}^{\infty} \phi_F(z)dz = 1 \tag{4.16}$$

Gleichung 4.17 für die Effizient der Bereitstellung E_B aus Gleichung 4.11 und 4.16:

$$E_B = \frac{S}{2 - S} \tag{4.17}$$

Gleichung 4.18 für die Schnittmenge S mit den Hilfsfunktionen ϕ_1 und ϕ_2 und die Anzahl der Schnittpunkte von ϕ_L und ϕ_F:

$$S = \begin{cases} \int_{-\infty}^{z1} \phi_1(z)dz + \int_{z1}^{+\infty} \phi_2(z)dz & \text{für einen Schnittpunkt } z1 \\ \int_{-\infty}^{z1} \phi_1(z)dz + \int_{z1}^{z2} \phi_2(z)dz + \int_{z2}^{+\infty} \phi_1(z)dz & \text{für zwei Schnittpunkte } z1 \text{ und } z2 \\ 1 & \text{für } W_L = W_F \end{cases}$$

$$\tag{4.18}$$

Die Schnittpunkte der Graphen ϕ_L und ϕ_F bei $z1$ bzw. $z2$ werden mit Hilfe von $\phi_L(z) = \phi_F(z)$ berechnet.

Gleichung 4.19 für die Wahl der Hilfsfunktion ϕ_1:

$$\phi_1(z) = \begin{cases} \phi_L(z) & \text{für } \phi_L(z < z1) < \phi_F(z < z1) \\ \phi_F(z) & \text{für } \phi_F(z < z1) < \phi_L(z < z1) \end{cases} \tag{4.19}$$

Gleichung 4.20 für die Wahl der Hilfsfunktion ϕ_2:

$$\phi_2(z) = \begin{cases} \phi_L(z) & \text{für } \phi_L(z < z1) > \phi_F(z < z1) \\ \phi_F(z) & \text{für } \phi_F(z < z1) > \phi_L(z < z1) \end{cases} \tag{4.20}$$

Wird diese Methodik auf alle Aussagen der befragten Personen und alle Informationsklassen angewendet, ergeben sich die in Tabelle 4.2 (S.103) dargestellten Werte für die Effizienzen der Informationsbereitstellung. Des Weiteren sind die für die Berechnung notwendigen Größen und die statistischen Parameter der Datenerhebung für jede Informationsklasse dargestellt.

Tabelle 4.2: Herleitung der Effizienzen in der Informationsbereitstellung

Informationsklasse	∑Nennungen	Verantwortung	L/F	μ	σ	$z1$	$z2$	S	R	E_B
Geometriedaten Komponenten	42	Entwicklung	L	57,6	6,15	52,9	62,4	0,213	0,444	48,0%
			F	57,6	3,77					
Geometriedaten Werkzeuge	31	Produktion	L	51,8	11,12	53,9	69,4	0,107	0,628	17,1%
			F	60,0	4,55					
Geometriedaten System	65	Entwicklung	L	59,1	6,64	56,2	63,5	0,122	0,585	20,8%
			F	59,8	2,36					
Montagereihenfolge	47	Produktion	L	57,6	8,14	54,6	69,4	0,224	0,428	52,4%
			F	59,8	5,71					
Ausricht-/Haltekonzept	102	Produktion	L	59,7	3,15	56,9	64,7	0,237	0,400	59,1%
			F	58,9	4,23					
Schraubfalldaten	106	Entwicklung	L	59,5	5,32	54,9	68,6	0,239	0,417	57,3%
			F	57,6	7,17					
Statische Montagelagen	14	Entwicklung	L	62,0	2,78	59,8	74,6	0,220	0,637	34,6%
			F	58,6	3,58					
Dynamische Montageabläufe	14	Produktion	L	57,8	2,15	31,8	57,0	0,300	0,636	47,1%
			F	56,0	2,00					
Toleranzen aus Komponente	11	Entwicklung	L	54,8	5,63	51,7	62,0	0,250	0,396	63,2%
			F	55,7	4,27					
Toleranzen aus System	11	Produktion	L	54,3	1,15	52,0	56,6	0,042	0,789	5,3%
			F	56,0	8,60					
Varianten	53	Entwicklung	L	58,4	7,00	54,3	65,9	0,227	0,420	54,1%
			F	59,3	4,75					
Kräfte aus Komponente	11	Entwicklung	L	56,3	4,16	56,0	63,0	0,165	0,519	31,8%
			F	58,5	2,33					
Kräfte aus Werkzeug	13	Produktion	L	57,0	4,00	51,2	55,5	0,066	0,713	9,3%
			F	53,7	1,15					
Kräfte aus System	28	Entwicklung	L	60,5	3,12	57,7	87,6	0,178	0,751	23,7%
			F	55,1	3,75					

4.3 Phasengerechte Definition von Anforderungen

Mit Hilfe der in den vorherigen Abschnitten vorgestellten Methoden zur Analyse der Anforderungssituation kann ermittelt werden, welche der im Rahmen der produktionstechnischen Integration notwendigen Informationen als zentral betrachtet werden müssen. Für eine objektive Bewertung wird die Methode nach VDI 2225 angewendet [104]. Hierbei werden die betrachteten Kritierien in Haupt- und Teilkriterien untergliedert und jeweils mit definierten Wichtungsfaktoren versehen. Bei der Auswahl der Kriterien werden primär die technische, organisatorische und zeitliche Analyse der Informationsklassen herangezogen. Auf die Analyse der einzelnen Komponentenumfänge wird aufgrund der gewünschten Allgemeingültigkeit verzichtet.

Als Hauptkriterien sind die technischen Abhängigkeiten, die Informationsverfügbarkeiten und die Bereitstellungseffizienzen ausgewählt. Dabei wurde der Wichtungsfaktor für die technischen Abhängigkeiten um 0,1 im Bezug zu den anderen Hauptkriterien erhöht. Dies ist damit zu begründen, das die bestehenden physikalischen Zusammenhänge einzelner Informationen immer bestehen bleiben, wobei organisatorische und prozessuale Kriterien in der Praxis angepasst oder verändert werden können. Für die Aufnahme der bestehenden Anforderungssituation sind diese dennoch von hoher Bedeutung.

Innerhalb des Hauptkriteriums der technischen Abhängigkeiten wurden die Intensitäten der Einflussnahme und Beeinflussbarkeit sowie die direkten Kausalitätsschleifen definiert. Dabei ist der Fokus auf bestehende Kausalitätsschleifen gelegt, da dies in der Informationsbereitstellung eine Herausforderung darstellt und tiefer analysiert werden sollte.

Das Hauptkriterium der Informationsverfügbarkeit wurde in die Teilkriterien Differenz zwischen Forderung und Lieferung sowie die Relevanz für den Entwicklungsprozess unterteilt. Hierbei wurde die Diskrepanz zwischen einer Informationsforderung und -lieferung fokussiert, da dies in der Praxis immer wieder zu Verzögerungen im Entwicklungsablauf führt. Die Relevanz wurde aus der Anzahl der Nennungen während der empirischen Datenerhebung abgeleitet.

Im Hauptkriterium Bereitstellungseffizienz wurde eben diese als Teilkriterium sowie die aus der Umfrage hervorgehende Standardabweichung der Nennungen definiert. Dabei liegt der Fokus auf der Bereitstellungseffizienz. Dies ist darin begründet, dass die Standardabweichung der Nennungen über geforderte und gelieferte Informationen ohnehin indirekt in die Effizienz eingeht. Dennoch wurde diese separat aufgeführt um zu verdeutlichen, in welchen Bereichen der größte Handlungsbedarf besteht.

Bewertungskriterien	Bewertungspunkte				
	0	1	2	3	4
Technische Abhängigkeiten					
Einflussnahme	≤ 0,5	0,51–1	1,01–1,5	1,51–2	> 2
Beeinflussbarkeit	≤ 9,6	9,61–19,2	19,21–28,8	28,81–38,4	> 38,4
Direkte Kausalitätsschleifen	0	1	2	3	4
Informationsverfügbarkeit					
Differenz Forderung / Lieferung	≥ 0	0 – (-)2	(-)2,01–(-)4	(-)4,01–(-)6	< -6
Wichtigkeit / Relevanz	≤ 20	20,01–40	40,01–60	60,01–80	> 80
Bereitstellungseffizienz					
Effizienz der Bereitstellung	≤ 20	20,01–40	40,01–60	60,01–80	> 80
Summe der Standardabweichungen	≤ 3	3,01–6	6,01–9	9,01–12	> 12

Abbildung 4.30: Übersicht der Wertebereiche aller Analysekriterien für die Vergabe der Bewertungspunkte

Die Vergabe der einzelnen Bewertungspunkte erfolgt ebenfalls objektiv. Analog der VDI 2225 wurden ganzzahlige Bewertungspunkte von Null bis vier vergeben. Die Einteilung erfolgt analog Abbildung 4.30. Dieser sind ebenfalls die Wertebereiche der einzelnen Teilkriterien für die Verteilung der Bewertungspunkte zu entnehmen.

Ziel dieser Bewertung ist es die Informationsklassen herauszufinden, an denen am effizientesten Methoden zur Erleichterung der Entwicklungsarbeit platziert werden können. Aus diesem Grund werden die Bewertungspunkte nach dem Schema der größten Missstände oder Problemstellen vergeben. Beim Teilkriterium Einflussnahme wird die Diagrammachse der Intensität der Beeinflussbarkeit der Eigenschaftsmatrix in vier gleiche Bereiche geteilt. Die Informationsklasse mit einer Intensität größer zwei bekommt vier Bewertungspunkte, die mit einer Intensität kleiner gleich 0,5 bekommt null Bewertungspunkte. Das Vorgehen für die Beeinflussbarkeit wird mit dem gleichen Vorgehen definiert und somit in fünf gleich große Bereiche ausgehend der höchsten Intensität geteilt. Das Teilkriterium der direkten Kausalitätsschleifen wird hinsichtlich der Anzahl dieser bewertet. Dies ist ohne eine Umrechnung möglich, da die höchste Anzahl an direkten Kausalitätsschleifen einer Informationsklasse vier nicht übersteigt. Bei der Differenz zwischen Informationsforderung und -lieferung werden nur die Klassen betrachtet, bei denen der Erwartungswert der Lieferung zeitlich nach dem der Forderung liegt. Wie bereits erwähnt, soll der Fokus auf die Klassen gelegt werden, bei welchen ein Problem im zeitlichen Ablauf des Entwicklungsprozesses vorliegt. Folglich sind wiederum fünf Bereiche ausgehend von der größten Differenz zwischen zu später Lieferung und Forderung definiert. Die größte Differenz erhält vier Bewertungspunkte. Alle Informationen die theoretisch zum richtigen Zeitpunkt vorliegen, bekommen null Bewertungspunkte. Um dennoch die Wichtigkeit der Informationen in den vorliegenden Klassen zu berücksichtigen, wird anhand der Häufigkeit der Nennungen von Einzelinformationen einer Klasse die Relevanz definiert. Analog dem gewohnten Vorgehen, werden auch hier fünf gleich große Bereiche definiert. Dabei bekommen Klassen mit kleiner gleich zwanzig Nennungen null Bewertungspunkte und Klassen mit größer gleich achzig Nennungen vier Bewertungspunkte. Um ein Maß für die Wahrscheinlichkeit der Informationsaktualität einzubringen, ist die Effizienz der Informationsbereitstellung berücksichtigt. Dabei sind fünf Bereiche zu je zwanzig Prozent definiert, wobei den Klassen kleiner gleich zwanzig Prozent null Punkte und den Klassen größer achzig prozent vier Bewertungspunkte zugewiesen werden. Um die Qualität der Umfrageergebnisse in die Gesamtbewertung einzubeziehen, wird für jede Klasse die Standardabweichung der Informationsforderung und Informationslieferung addiert. Je höher diese Summe ist, desto mehr Bewertungspunkte werden der Klasse zugewiesen. Die Begründung hierfür liegt in dem unterschiedlichen Verständnis der Wertigkeit der Einzelinformationen dieser Klassen und variiert zwischen den einzelnen Personen deutlich. Die vollständige Bewertung ist in Abbildung 4.31 auf Seite 107 dargestellt.

Kriterien	f_a	f_r	$f = f_a \cdot f_r$	Geom. Komponente p_b	$p_b \cdot f$	Geom. Werkzeug p_b	$p_b \cdot f$	Geom. System p_b	$p_b \cdot f$	Montagereihenfolge p_b	$p_b \cdot f$	Ausricht-/Haltekonzept p_b	$p_b \cdot f$	Schraubfalldaten p_b	$p_b \cdot f$	Stat. Montagelagen p_b	$p_b \cdot f$	Dyn. Montageabläufe p_b	$p_b \cdot f$	Tol. Komponente p_b	$p_b \cdot f$	Tol. System p_b	$p_b \cdot f$	Varianten p_b	$p_b \cdot f$	Kräfte Komponente p_b	$p_b \cdot f$	Kräfte Werkzeug p_b	$p_b \cdot f$	Kräfte System p_b	$p_b \cdot f$
Technische Abhängigkeiten	0,4																														
Einflussnahme		0,25	0,100	1	0,100	0	0,000	2	0,200	1	0,100	1	0,100	1	0,100	1	0,100	2	0,200	3	0,300	1	0,100	4	0,400	2	0,200	1	0,100	3	0,300
Beeinflussbarkeit		0,25	0,100	4	0,400	1	0,100	3	0,300	2	0,200	4	0,400	0	0,000	0	0,000	0	0,000	0	0,000	0	0,000	0	0,000	0	0,000	0	0,000	1	0,100
Direkte Kausalitätsschleifen		0,50	0,200	4	0,800	3	0,600	3	0,600	4	0,800	4	0,800	0	0,000	0	0,000	0	0,000	0	0,000	2	0,400	0	0,000	0	0,000	0	0,000	0	0,000
Informationsverfügbarkeit	0,3																														
Differenz Forderung / Lieferung		0,80	0,240	0	0,000	4	0,960	1	0,240	2	0,480	0	0,000	0	0,000	0	0,000	0	0,000	1	0,240	1	0,240	1	0,240	2	0,480	0	0,000	0	0,000
Wichtigkeit / Relevanz		0,20	0,060	2	0,120	1	0,060	3	0,180	2	0,120	4	0,240	4	0,240	0	0,000	0	0,000	0	0,000	0	0,000	2	0,120	0	0,000	0	0,000	1	0,060
Bereitstellungseffizienz	0,3																														
Effizienz der Bereitstellung		0,70	0,210	2	0,420	0	0,000	1	0,210	2	0,420	2	0,420	2	0,420	1	0,210	2	0,420	3	0,630	0	0,000	2	0,420	1	0,210	0	0,000	1	0,210
Summe der Standardabweichungen		0,30	0,090	3	0,270	4	0,360	2	0,180	4	0,360	2	0,180	4	0,360	2	0,180	1	0,090	3	0,270	3	0,270	3	0,270	2	0,180	1	0,090	1	0,090
Summe	1,0	-	1	-	2,110	-	2,080	-	1,910	-	2,480	-	2,140	-	1,120	-	0,490	-	0,710	-	1,440	-	1,010	-	1,450	-	1,070	-	0,190	-	0,760

Abbildung 4.31: Gesamtbewertung der Informationsklassen nach VDI 2225

Auswertung der Bewertungsergebnisse

Wie deutlich zu erkennen ist, weisen die fünf am höchsten bewerteten Informations-klassen Werte größer 1,9 Bewertungspunkte auf. Das sind die Informationsklassen Geometriedaten Komponenten, Werkzeuge und System sowie Montagereihenfolge und Ausricht- / Haltekonzept. Die sechste Klasse hat mit insgesamt 1,45 Bewertungspunkten 0,46 Punkte Abstand. Dabei haben bei der Klasse Varianten die hohe Effizienz und die hohe Einflussnahme den größten Beitrag zur Punktzahl geliefert. Die geringste Punktzahl wird der Informationsklasse der im Werkzeug oder der Montageanlage wirkenden Kräfte zugeschrieben. Ein Grund hierfür könnte die doch zu frühe Phase der Entwicklung sein, in welcher es schlicht nicht nötig ist diese Informationen umgehend zu betrachten. Möglich wäre hier mit Annahmen geringerer Reife zu arbeiten.

Zusammenfassend kann verdeutlicht werden, dass die zentralen Informationen für die produktionstechnische Integration im Fahrwerk hauptsächlich geometrienahe Informationen sind. Dies entspricht auch den bestehenden Ansätzen, welche beschreiben, dass ein Großteil der virtuellen Entwicklungsarbeit der frühen Phasen im CAD-System stattfindet. Folglich sollten Methoden entwickelt werden, welche zum einen den Umgang mit fehlenden Informationen erleichtern und zum anderen aufzeigen, welche Auswirkungen eventuelle Änderungen von Randbedingungen hervorrufen.

5. Generischer Lösungsansatz und Methodik

5.1 Übersicht aller methodischen Elemente

Um die im vorherigen Abschnitt dargestellte Anforderungssituation möglichst effizient zu beherrschen, gilt es mehrere methodische Elemente innerhalb der Methodik zu erarbeiten. Dabei sollen möglichst alle geometrisch relevanten Informationsklassen mit produktionstechnischen Belangen betrachtet werden. In den nachfolgenden Abschnitten werden diese Methoden zusammenhängend betrachtet und in methodischen, organisatorischen und praktischen Bezug gestellt.

Vollständige Übersicht der einzelnen methodischen Elemente:

- Produktdatenstrukturierung mit Bezug zur Montagereihenfolge

- Generische Montageschritte mit Montageschritt-ID

- Erweitertes Modell der Achskinematik für die Simulation von Montagezuständen

- Erweitertes Modell der Achskinematik für die Absicherung konzeptrelevanter Verbindungsstellen

- Automatisierte Positionierung von Verbindungselementen und Werkzeugen

- Simulationsmethode für Freigangsuntersuchungen während Füge- und Zustellbewegungen

- Diverse Schnittstellen und Austauschformate zu angrenzenden Prozessen

© Springer Fachmedien Wiesbaden GmbH, ein Teil von Springer Nature 2019
B. Leistner, *Fahrwerkentwicklung und produktionstechnische Integration ab der frühen Produktentstehungsphase*, Wissenschaftliche Reihe Fahrzeugsystemdesign,
https://doi.org/10.1007/978-3-658-26867-1_5

5.2 Struktureller Aufbau des Modells

5.2.1 Einbindung in das PDM-System

Schnittstellen zwischen CAD- und PDM-Systemen

Die betrachtete Systemlandschaft der frühen Phase besteht aus einem CAD- und einem PDM-System. Alle Geometriedaten von Komponenten und Werkzeugen sowie Zusatzinformationen, wie beispielsweise technische Zeichnungen und Analyseergebnisse, befinden sich im PDM-System. Um diese Daten verwenden zu können, ist es notwendig eine vordefinierte Schnittstelle zu diesem System zu nutzen. Diese Schnittstellen ermöglichen einen Informationsaustausch in standardisierter Form. Allerdings sind diese aufgrund der Standardisierung in ihrer individualisierten Nutzung begrenzt.

In der Regel gibt es unterschiedliche Formen von Schnittstellen zu einem PDM-System [36, S. 327 f.]. Primär wird zwischen freiprogrammierbaren und integrierten Schnittstellen unterschieden. Innerhalb dieser Schnittstellen gibt es jeweils Lese- und Schreibfunktionen für die Informationen innerhalb des PDM-Systems. Bei freiprogrammierbaren Schnittstellen sind häufig die Lesefunktionen zugänglicher als Schreibfunktionen. Dies liegt an diversen Sicherheitsmechanismen der PDM-Systeme um fehlerhaft angesteuerte Schreibfunktionen nicht ungehindert auf die Datenbasis freizugeben. Freiprogrammierbare Lesefunktionen weisen hingegen deutlich höhere Freiheiten auf, da die abgefragten Formate nicht an das Folgesystem gebunden sind, sondern nur von der Ansteuerung der Schnittstelle selbst abhängen. Einschränkungen erfolgen jedoch aus Informationsschutzgründen durch Berechtigungssysteme, welche abhängig vom Anwender individuelle Datenzugriffe erlauben. Des Weiteren kommen freiprogrammierbare Schnittstellen einer Kombination aus direkten und neutralen Schnittstellen nahe [36, S. 329]. Diese Schnittstellentypen werden häufig auch als API (Application Programming Interface) bezeichnet und erlauben umfangreichen Zugriff auf ein System.

Integrierte Schnittstellen sind in der Regel auf das System optimiert, in welches diese integriert sind. So ist beispielsweise eine Schnittstelle zwischen PDM- und CAD-System darauf optimiert Geometriedaten zu lesen, zu manipulieren und in verschiedenen Formen zu speichern. Dieser Schnittstellentyp wird den direkten, proprietären Schnittstellen zugeordnet. Das Abfragen von Metadaten, zum Beispiel Projektbezeichnungen oder Schraubfalldaten, sind häufig aufwendig zusätzlich eingebrachte Sonderfunktionen und erfordern zusätzliche Schnittstellen. Der Vorteil bei der Verwendung von integrierten Schnittstellen ist, dass diese bereits aus informationstechnischer Sicht abgesichert sind und nahezu bedenkenlos im gegebenen Umfeld genutzt werden können.

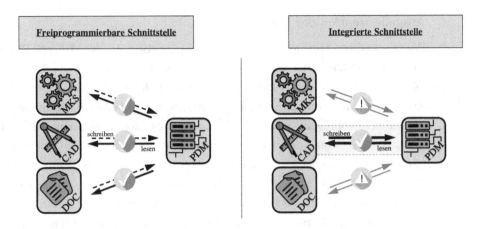

Abbildung 5.1: Übersicht ausgewählter Schnittstellen für ein PDM-System

Die entwickelte Methode bedient sich für die Speicherung von Strukturinformationen und Geometriedaten der bereits im CAD-System integrierten Schnittstelle zum PDM-System. Dies hat den Vorteil, dass beim Speichern von Komponenten die bereits integrierten Schutzmechanismen für die Datenbank aktiv sind. Ein Überspeichern von Komponenten ohne die notwendige Berechtigung ist folglich nicht möglich. Auch das Lesen der Strukturinformationen und Geometriedaten unterliegt der integrierten Schnittstelle und somit dem im Unternehmen etablierten Berechtigungssystem. Zusatzinformationen, wie Montageschrittbezeichnungen, Schraubfalldaten oder von der Konstruktionslage abweichende Montagelagen, werden mithilfe einer freiprogrammierbaren Schnittstelle übermittelt. Daraus ergibt sich, dass die Datenformate für die Informationsüberträge selbst erstellt werden können und somit eventuelle Übersetzungsformate vermieden werden können. Diese Informationsüberträge müssen allerdings den Bedingungen des Berechtigungssystems unterliegen, um die Vorgaben für Informations- und Datenschutz zu erfüllen.

Da die Methode im Rahmen eines „Simultaneous Engineering"-Ansatzes angewendet werden soll, ist es notwendig, dass zu jedem Zeitpunkt die Geometriedaten aus dem PDM-System herangezogen werden. Dies ergibt sich aus der Anforderung, dass mehrere Personen zur selben Zeit mit den gleichen Daten arbeiten müssen. Folglich werden alle Daten für Komponenten und Werkzeuge, sowie deren Lageinformationen direkt aus der Datenbank geladen.

Ausgangsituation der Datenbasis

Wie bereits in Abschnitt 3.3 beschrieben, existiert in den frühen Phasen der Produktentwicklung für jedes Derivat eine definierte Anzahl virtueller Fahrzeuge. Diese virtuellen Fahrzeuge bilden das geometrische Modell von unterschiedlichen Ausstattungsvarianten. Sie werden in funktional gegliederten Produktstrukturen gespeichert, wobei jede Struktur ein sogenanntes „100 % Fahrzeug" darstellt und ausschließlich Geometriedaten der Komponenten beinhaltet. In jedem Fahrzeug gibt es jede Komponente nur in einer Ausstattungsvariante. So kann beispielsweise ein BMW 5er als 520d, Rechtslenker, Europa-Ausführung und konventioneller Wankstabilisierung oder als 550i, Linkslenker, US-Ausführung und elektromechanischer Wankstabilisierung dargestellt werden. Diese Konfigurationen werden nach geometrisch kritischen Konstellationen definiert.

Eine ähnliche Vorgehensweise wird bei der Definition der Fahrzeugkonfiguration für produktionstechnische Belange angewendet. Neben den Geometriedaten der Komponenten werden bereits ab der frühesten Phase der Produktentwicklung die Geometriedaten der Werkzeuge und die Montagereihenfolge in Beziehung gesetzt [71]. Folglich ist die Konfiguration der Geometriedaten des Fahrzeuges nach Montagebelangen definiert. So wird beispielsweise die größte Bremsanlage, der dickste Stabilisator und das kürzeste Federbein betrachtet, da diese Konfiguration aus Montagesicht am kritischsten ist. Der Vorteil hierbei ist, dass der Bezug zur Montagereihenfolge direkt über die Produktstrukturierung erfolgt. Des Weiteren besteht eine logische Verbindung zwischen den Geometriedaten der Komponenten aus den virtuellen Fahrzeugen zu den Geometriedaten in der montageorientierten Produktstruktur. Wie diese logische Verbindung aufgebaut ist, geht aus dem Datenmodell hervor und wird in Abschnitt 5.2.3 näher erläutert.

5.2.2 Einbindung in das CAD-System

Wie in Abschnitt 3.4 bereits beschrieben, gibt es verschiedene Ansätze für produktions- und montagegerechte Produktgestaltung. Um in der frühen Entwicklungsphase agil auf eventuelle Änderungen reagieren zu können, ist es zwingend notwendig, dass die relevanten produktionstechnischen Anforderungen direkt während der Konstruktion untersucht und bewertet werden können.

Besonders in den Architekturentwicklungsphasen existieren noch keine Hardware-baugruppen. Dies hat zur Folge, dass alle Untersuchungen virtuell durchgeführt werden müssen, wobei das CAD-System das zentrale Instrument für die virtuelle Produktentwicklung darstellt. Ein weiteres Argument für eine CAD-integrierte Methodik ist, dass die Vielzahl der in Kapitel 4 ermittelten produktionstechnischen Anforderungen geometrische Auswirkungen auf das Produkt- und Produktionskonzept haben. So ist als Beispiel die Kausalitätsschleife der Informationsklassen Montagereihenfolge, Geometriedaten Komponente und Geometriedaten Werkzeug hervorzuheben. Für eine Abschätzung der Auswirkungen einer Änderung der Geometriedaten auf die notwendige Werkzeuggeometrie oder -position ist eine Implementierung in das Konstruktionssystem zwingend notwendig. Diese Änderung ist beispielsweise eine Folge von für den Fahrbetrieb notwendigen funktionalen Anforderungen.

Um das für jeden Montageschritt relevante Bauraumumfeld darstellen zu können, muss die Montagereihenfolge ebenfalls integriert werden (Abbildung 5.2). Die Verknüpfung der Komponenten und Werkzeuge zum jeweiligen Montageschritt erfolgt über eine bestimmte Art der Produktstrukturierung direkt im PDM-System. Diese Strukturierung wird durch das im folgenden Abschnitt beschriebene Datenmodell definiert und mit Hilfe der bereits erläuterten Schnittstellen in das CAD-System eingebunden. In diesem erfolgt die Zuordnung durch eine Verkettung von Baugruppen. Das relevante Bauraumumfeld kann mit Hilfe von verschiedenen Ein-/Ausblendlogiken eindeutig dargestellt werden. Die Funktionsweise dieser Logik wird in Abschnitt 5.2.3 detailliert beschrieben.

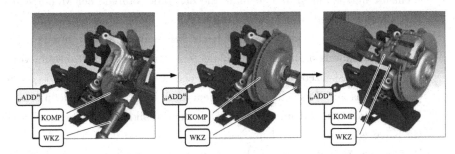

Abbildung 5.2: Montagereihenfolge im CAD am Beispiel der Radträger-Vormontage

Des Weiteren können im CAD-System komplexe geometrische Bewegungsabläufe und Simulationen durchgeführt werden, was mit einfachen Geometrie-Viewern nicht möglich ist [36, S. 344]. Besonders im Fahrwerk ist diese Funktion von großer Bedeutung, da sich aufgrund der kinematischen Kette der Fahrwerkkinematik auch während der Montage komplexe Bewegungszustände einstellen. Welche Arten von Simulationen mit Hilfe der entwickelten Methodik möglich sind, wird in Abschnitt 5.2.5 detailliert beschrieben. Mit dieser Funktion können die produktionstechnischen Anforderungen mit funktionalen Auswirkungen untersucht werden. Als Beispiel soll die maximale Auswinkelung der Kugelgelenke am Radträger, während der Verlobung dienen [72].

Ausgangssituation der CAD-Modelle

CAD-Modell der Achskinematik mit Mechanismus

Wie bereits in Abschnitt 3.3 erläutert, existieren bereits umfangreiche CAD-Modelle für die geometrische Simulation von Fahrwerken in diversen Betriebszuständen. So wird beispielsweise die geometrische Integration aller Achskomponenten bei jeder Radstellung über Federn und Lenken mit Hilfe von vollparametrischen Kinematikmodellen auf Freigängigkeit überprüft. Diese Modelle sind je nach Achsprinzip vorgefertigte CAD-Baugruppen, welche die jeweiligen Komponenten in Form von Strich-Punkt-Geometrie und die dazwischen notwendigen Gelenkinformationen beinhalten. Durch den parametrischen Aufbau ist es möglich die Kinematikpunkte der Achsgeometrie durch Eingabe von Koordinaten in Bezug zum Gesamtfahrzeugsystem anzupassen. Diese Anpassung erfolgt unter Berücksichtigung der vorgegebenen funktionalen Anforderungen wie beispielsweise Sturz- und Spurverlauf über Radhub oder Nachlaufstreckenänderung über Zahnstangenhub.

Da die bestehenden Kinematiktemplates allerdings nur Bewegungszustände des Fahrwerkes während dem Fahrbetrieb darstellen können, ist es notwendig weitere Elemente hinzuzufügen, um ebenfalls die Zustände während der Montage abzubilden. Aus diesem Grund wurde am Beispiel einer Doppelquerlenker-Vorderachse mit aufgelöster unterer Lenkerebene ein Kinematikmodell um weitere virtuelle Bauteile ergänzt (Abbildung 5.3). Da aufgrund der geometrischen Verhältnisse im Vorderwagen bei diesem Achskonzept der Querlenker an der Karosserie vormontiert ist, befindet sich die Achse bis zur Hochzeit in einer kinematisch nicht eindeutig definierten Position. Um diese Positionen dennoch im CAD-System abbilden zu können wurde die durch ein Kugelgelenk zwischen dem oberen Querlenker und dem Schwenklager definierte Verbindung angepasst. Zusätzlich wurden drei virtuelle Komponenten an dieser Stelle in das Modell eingefügt, welche durch eine Relativbewegung zueinander nahezu jede Lage des Schwenklagers im Raum ermöglichen.

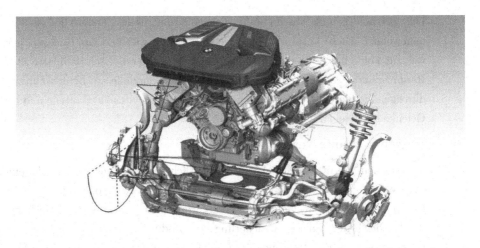

Abbildung 5.3: Doppelquerlenker-Vorderachse in simulierter Montagelage [72]

Zwischen dem oberen Querlenker, dem ersten und dem zweiten zusätzlichen Element wird jeweils ein Verschiebegelenk definiert, wobei die Verschieberichtungen orthogonal zueinander stehen. Das Schwenklager wird durch ein Kugelgelenk mit dem dritten zusätzlichen Element verbunden (Abbildung 5.4). Durch diese Orthogonalität kann der Kinematikpunkt „Schwenklager an oberen Querlenker" in alle drei Raumrichtungen bezüglich der Stellung des oberen Querlenkers verschoben werden.

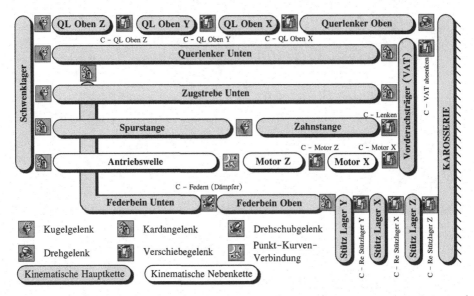

Abbildung 5.4: Schema des Mechanismus mit relevanten Komponenten und Gelenken[1]

---

[1] Piktogramme basieren auf dem CAD-System Catia® V5 der Firma ©Dassault Systèmes.

Die gleiche Technik wurde an der Verbindungsstelle „Federbein an Karosserie" angewendet. Diese Verbindung wird ebenfalls erst während der Hochzeit hergestellt, was zur Folge hat, dass auch das Federbein keine kinematisch definierte Stellung im Raum besitzt. Da diese Anpassung der Kinematikmodelle auf beiden Fahrzeugseiten durchgeführt wurde, sind in Summe zwölf zusätzliche virtuelle Bauteile und gesteuerte Gelenke hinzugekommen.

Konzeptrelevante Verbindungsstellen

Wie aus dem vorangegangen Abschnitt deutlich wird, besteht eine Achskinematik pro Achstyp aus einer definierten Anzahl von beweglichen Komponenten. Zwischen diesen Komponenten sind die Gelenke definiert, um einen kinematischen Mechanismus zu beschreiben. Auch für die Absicherung von produktionstechnischen Belangen ist die Information über die Positionen der Gelenke von großer Bedeutung. Diese Verbindung zwischen zwei Komponenten muss ebenfalls im gegebenen Werkeumfeld industrialisierbar sein. Ferner gibt es für jeden Achstyp weitere Verbindungsstellen, welche gleich in Anzahl und Position sind und nach diesen Belangen untersucht werden müssen. Aus diesem Grund wurde im Rahmen der Masterarbeit von Cristina Osorio-Larraz eine Methode entwickelt, mit welcher es möglich ist sogenannte „Konzeptrelevante Verbindungsstellen" virtuell und automatisiert abzusichern (Abbildung 5.5). Die Methode wird ebenfalls anhand einer Doppelquerlenker-Vorderachse mit aufgelöster unterer Lenkerebene erläutert.

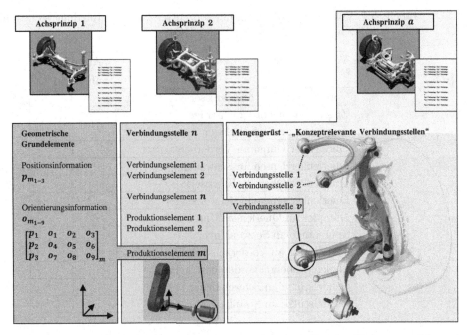

Abbildung 5.5: Auszug konzeptrelevanter Verbindungsstellen mit Bezug zum Montagewerkzeug [71]

Es sind zwei unterschiedliche Arten von Verbindungsstellen zu unterscheiden. Zum
einen die Verbindungsstellen, welche ohnehin in Form eines Kinematikpunktes in
der Achskinematik vorhanden sind. Dies sind beispielsweise die Verbindungsstellen
„Zugstrebe an Schwenklager" oder „Stabilisator an Pendelstütze". Zum anderen existieren
die konzeptrelevanten Verbindungsstellen, welche nicht an einen Kinematikpunkt
gebunden aber dennoch bei einer DQ4 immer gleich sind. Diese sind zum Beispiel
die Verbindungsstellen „Achsträger an Karosserie" oder „Stabilisator an Achsträger".
Die vollständige Liste der konzeptrelevanten Verbindungsstellen ist in Tabelle 5.1
dargestellt.

Tabelle 5.1: Vollständige Übersicht der konzeptrelevanten Verbindungsstellen mit Bezug zum Verbindungstyp für eine DQ4

Verbindungsstelle	Anzahl pro Fahrzeugseite
Vorderachsträger an Karosserie	3
Zugstrebe an Vorderachsträger	1
Zugstrebe an Schwenklager	1
Querlenker Unten an Vorderachsträger	1
Querlenker Unten an Schwenklager	1
Querlenker Oben an Karosserie	2
Querlenker Oben an Schwenklager	1
Dämpfer an Querlenker Unten	1
Spurstange an Schwenklager	1
Stabilisator an Vorderachsträger	2
Lenkgetriebe an Vorderachsträger	2
Pendelstütze an Schwenklager	1
Pendelstütze an Stabilisator	1

Des Weiteren wurden verschiedene Verbindungstypen definiert. Diese sind an die primär in der Praxis verwendeten technischen Umsetzungen angelehnt. Es wurden bewusst nur Schraubverbindungen definiert, da diese dem Stand der Technik in der Serienmontage von Fahrwerken entsprechen. Dennoch ist es möglich die Methode um weitere Verbindungstypen, wie beispielsweise Nieten oder Schweißpunkte, zu erweitern. Die Liste aller definierten Verbindungstypen ist in Abbildung 5.6 dargestellt.

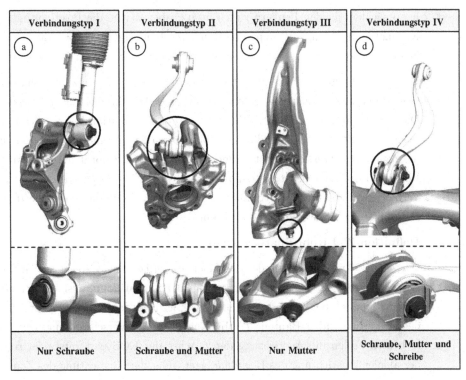

Abbildung 5.6: Überblick der für das Fahrwerk relevanten Verbindungstypen

Der Verbindungstyp I (Abbildung 5.6 Pos. a) beschreibt die Verbindungsstellen, bei denen nur eine Schraube als Verbindungselement dient. Dies sind hauptsächlich Verbindungen von Lenkern mit einer sogenannten „einschnittigen" Anbindung. Als Beispiel dient eine Verschraubung des Elastomerlagerkerns mit dem Radträger, wobei die Schraube selbstfurchend in den Radträger eingeschraubt wird. Verbindungstyp II (Abbildung 5.6 Pos. b) stellt eine Verbindung mit Schraube und Mutter dar. Derartige Verbindungen kommen primär bei sogenannten „zweischnittigen" Anbindungen zum Einsatz, wo es keine Rolle spielt, ob der Innenkern des Elastomerlagers am Lenker oder am Achsträger verschraubt wird. Der Verbindungstyp III (Abbildung 5.6 Pos. c) beschreibt Verbindungsstellen, wo ein Werkzeugeingriff nur an der Mutter erfolgt. Beispiele sind Stehbolzen, oder die häufig im Fahrwerk verwendeten Kugelgelenke. In der Darstellung wird der Kugelgelenkszapfen über einen sogenannten „Hold-and-Drive"-Eingriff direkt im Werkzeug gegengehalten und über die Mutter angezogen. Verbindungstyp IV (Abbildung 5.6 Pos. d) stellt eine Besonderheit des Verbindungstyps II dar. Dies sind Verbindungsstellen mit Scheiben, die nicht rotationssymmetrisch um die Verschraubungsachse sind. Solche Verbindungen kommen hauptsächlich an den Lenkern zum Einsatz, über welche die Positionsänderung des Kinematikpunktes für die Spur- und Sturzeinstellung stattfindet. Da dies im Fahrwerk häufig über sogenannte Exzenterscheiben stattfindet, wurde dieser Typ separat definiert.

Um eine hochautomatisierte virtuelle Untersuchung durchführen zu können, müssen die Geometriedaten der Komponenten und Werkzeuge korrekt zueinander positioniert sein. Diese Lageinformation zueinander wird in der Informationsklasse Geometriedaten System bereitgestellt. Für die Positionierung der Verbindungselemente und der dazugehörigen Werkzeuge ist grundsätzlich ein Ziel-Koordinatensystem und ein Referenz-Koordinatensystem definiert. Das Ziel-KOS[2] beschreibt die Lage des Verbindungselementes in KO-Lage, das Referenz-KOS die undefinierte, vor der Positionierung vorliegende Lage im Raum.

Definition Ziel-Koordinatensystem

Das Ziel-KOS wird innerhalb der Achskinematik in Form eines Rechtssystems[3] definiert. Bei Verbindungsstellen mit Bezug zu einem Kinematikpunkt ist der Ursprung der Kinematikpunkt, bei Verbindungsstellen ohne Bezug ist der Ursprung in der Anlagefläche der zu verbindenden Bauteile (Abbildung 5.7). Die Verschraubungsachse definiert in beiden Fällen die Ausrichtung der Z-Achse des KOS und entspricht somit auch der axialen Ausrichtung des Elastomerlagers oder der Ausrichtung des Zapfens eines Kugelgelenkes[4].

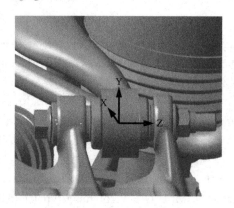

Mit Bezug zu einem Kinematikpunkt.   Ohne Bezug zu einem Kinematikpunkt.

Abbildung 5.7: Definitionsstandard des Ziel-Koordinatensystems

Die radiale Ausrichtung ist bei Verbindungstyp IV durch die Stelle des größten Radius

---

der Exzenterscheibe definiert. Bei rotationssymmetrischen Verbindungen (Typ I-III) wird für die radiale Ausrichtung die projizierte Z- oder Y-Achse des globalen KOS genutzt.

Definition Referenz-Koordinatensystem

Das Referenz-KOS ist innerhalb der zu positionierenden Geometrieelemente definiert. Die Verschraubungsachse ist ebenfalls die Z-Achse des Koordinatensystems. Bei Schrauben und Muttern ist der Ursprung des Referenz-KOS der Schnittpunkt der Verschraubungsachse mit der Auflagefläche des Verbindungselementes am Bauteil. Bei Werkzeugen ist die Definition je nach Werkzeugtyp unterschiedlich (Abbildung 5.8).

Referenz-Koordinatensystem für Werkzeugmodelle

Abbildung 5.8: Definitionsstandard des Ziel-Koordinatensystems

Für Werkzeuge und Steckschlüssel, die direkt mit dem Verbindungselement in Kontakt stehen, ist der Ursprung im Schnittpunkt von Verschraubungsachse und der Stirnfläche des Werkzeuges definiert. Bei Vierkantantrieben für Werkzeug-Kombinationen ist der Ursprung im Kugelmittelpunkt der Arretierung definiert. Des Weiteren wird allen Werkzeugen mit Vierkantantrieb eine Zusatzinformation über deren geometrische Abmessung beigefügt. In dieser wird die Länge des Steckschlüssels oder der Verlängerung gespeichert. Dies ist notwendig um das Aneinanderketten der einzelnen Werkzeuge in eine geometrisch stimmige Werkzeugkombination zu ermöglichen. Bei Schraubern oder anderen Drehmomenterzeugern ist dieser Wert Null, da diese am Ende der Werkzeugkombination stehen.

Eine prozessuale Besonderheit ist das temporäre Erzeugen des Referenz-KOS. Aus praktischer Sicht ist es nicht sinnvoll, alle existierenden und zukünftigen Geometrieelemente nach dem beschriebenen Standard anzupassen. Bei existierenden und freigegebenen Bauteilen oder Werkzeugen ist eine nachträgliche Änderung nicht möglich. Hierfür müsste eigens für die KOS-Definition eine neue Version angelegt werden. Dies ist insofern ein Problem, da sich die Version ändert, allerdings die eigentlichen Geometriedaten unberührt bleiben. Bei künftigen Bauteilen ist es besonders in frühen Phasen ineffizient einen Standard einzufordern, da aufgrund der Vielzahl von Anwendern und Entwicklern ein sehr hohes Fehlerpotential für das Nichteinhalten des Standards vorliegt. Folglich wurde eine Lösung auf Basis von eigens verwalteten Metadaten erarbeitet.

Da jedes Geometrieelement eindeutig im PDM-System identifizierbar ist, wurden Zusatzinformationen in Form von ebenfalls im PDM-System abgelegten Metadaten erzeugt. In diesen Zusatzinformationen wird eine Korrekturmatrix gespeichert, welche die räumliche Differenz zwischen dem standardisierten Referenz-KOS und einem beliebigen Konstruktions-KOS im Bauteil darstellt. Wird das Bauteil aus dem PDM-System ins CAD-System geladen, liegt nur das willkürlich im Bauteilmodell positionierte Konstruktions-KOS vor. Gleichzeitig werden die Metadaten mit der Korrektur-Matrix geladen. Anschließend wird temporär im Bauteil das standardisierte Referenz-KOS erzeugt, indem die Matrix des Konstruktions-KOS mit der Korrektur-Matrix multipliziert wird (Abbildung 5.9).

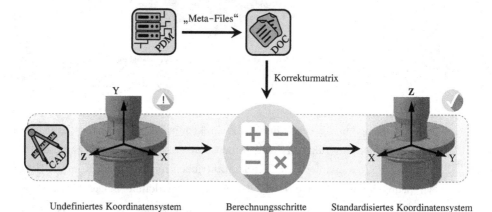

Abbildung 5.9: Anpassung des Konstruktions-Koordinatensystems mit Hilfe von „Meta-Files"

Liegt für das geladene Geometrieelement noch kein Metadatensatz vor, muss dieser einmalig durch einen beliebigen Anwender angelegt werden. Lädt anschließend ein anderer Anwender dasselbe Bauteil oder Werkzeug, liegt ein Metadatensatz vor und die Geometrieelemente können positioniert werden. Das Erzeugen des Metadatensatzes erfolgt ebenfalls toolgestütz um die Wahrscheinlichkeit für das Erzeugen von fehlerhaften Metadaten zu verringern. Hierfür muss der Anwender beispielsweise bei der Erzeugung der Metadaten für eine Schraube nur den Schraubenschaft und die Anlagefläche auswählen. Die errechnete Korrekturmatrix zwischen Referenz-KOS und Konstruktions-KOS wird automatisch dem Metadatensatz der Schraube beigefügt. Nach der Positionierung wird das Referenz-KOS im Bauteil wieder gelöscht.

Positionierung der Produkt- und Produktionselemente

Um alle Verbindungselemente und Werkzeuge einer Verbindungsstelle korrekt zu positionieren, sind neben Ziel- und Referenz-KOS noch weitere Informationen notwendig. Zum einen muss ein Bezug zwischen Verbindungsstelle und Bauteil, bzw. Werkzeug hergestellt werden. Zum anderen sind geometrische Abstände, beispielsweise zwischen Kinematikpunkt und Anlagefläche Schraube, notwendig.

Der Bezug zwischen konzeptrelevanter Verbindungsstelle und den Bauteil- und Werkzeuggeometrien kann über verschiedene Methoden hergestellt werden. Liegt eine gepflegt PDM-Struktur mit Bezug zur Montagereihenfolge vor, kann diese den Bezug mit Hilfe der Strukturierung und der Montageschritt-ID herstellen[5]. Folglich werden alle CAD-Modelle im Strukturelement „Werkzeug" auch innerhalb der Positionierungsmethode als Werkzeugmodelle betrachten. Bei Verbindungselementen muss sichergestellt sein, dass nur die Verbindungselemente dem Montageschritt zugeordnet sind. Das zu verbindende Bauteil muss in einem separaten Schritt unter der Prozessbezeichnung „Fügen", „Auflegen" oder „Abstecken" dem Montageumfang beigefügt werden[6].

Eine zweite Möglichkeit besteht in der Bereitstellung einer Austauschdatei, in welcher diese Zuordnung manuell durchgeführt wird. In dieser Datei wird für alle konzeptrelevanten Verbindungsstellen einer Achse die Zuordnung der Geometriedaten durchgeführt. Dabei wird aus Gründen der organisatorischen Struktur der beteiligten Rollen eine Austauschdatei für die Verbindungselemente und eine weitere Austauschdatei für die Werkzeuge erzeugt. Die Zuordnung innerhalb der Datei geschieht nach einer vorgegebenen Metrik, durch welche es möglich ist den zur Verbindungstelle gehörigen Verbindungstyp zu identifizieren (Abbildung 5.11). Innerhalb der Austauschdatei für Verbindungselemente kann jeder Verbindungsstelle eine Schraube, eine Mutter und eine Scheibe zugeordnet werden. Bei Werkzeugen können in Summe maximal sechs Werkzeuge zugeordnet werden. Ein Steckschlüssel, eine Verlängerung und ein Schrauber für jede Seite der Verbindungsstelle. Die Zuordnung erfolgt in beiden Fällen mittels der eindeutigen Sachnummer der Geometriedaten im PDM-System.

Des Weiteren ist die Information über die geometrischen Abstände der zu positionierenden Geometrieelemente entlang der Verschraubungsachse zueinander notwendig. Für die korrekte Positionierung der Verbindungselemente müssen für jede Verbindungsstelle die Abstände zwischen Anlagefläche Schraube sowie Anlagefläche Mutter bezüglich des Ziel-KOS entlang der Verschraubungsachse (Z-Achse) vorliegen. Ist die Zuordnung über die PDM-Struktur erfolgt, so muss dieser Abstandswert innerhalb

---

[5]   siehe Abschnitt 5.2.3
[6]   siehe Tabelle 5.2 auf Seite 132

der Bauteilgeometrien der zu verbindenden Komponenten gespeichert sein. Beispielsweise muss dieser Wert bei einer zweischnittigen Lenkeranbindung der Verbindungsstelle „Querlenker an Achsträger" als Parameter innerhalb des CAD-Modells des Achsträgers (Konzeptmodell) vorliegen. Der Abstand entspricht bei einer symmetrischen Anbindung jeweils der halben äußeren Breite der Laschen am Achsträger (Abbildung 5.10). Die Benennung des Parameters muss wiederum im Bezug zur generischen Verbindungsstelle stehen, um eine Automatisierung zu ermöglichen.

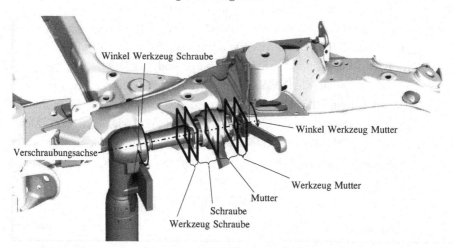

Abbildung 5.10: Abstände und Winkel zum Positionieren der Geometrieelemente am Beispiel des Verbindungstyp II

Im Fall der Zuordnung der Komponenten zur Verbindungsstelle mit Hilfe einer Austauschdatei, müssen diese Parameter als zusätzliche Einträge in die Datei eingefügt werden (Abbildung 5.11 oben). Somit sind in einer Datei die gesamte Zuordnung der Komponenten zu den Verbindungsstellen sowie die dazugehörigen geometrischen Abstände enthalten. Dies hat den Vorteil, dass alle Daten zentral bereitgestellt werden können. Nachteilig ist allerdings, dass aufgrund der volatilen Gestalt der Komponenten in den frühen Entwicklungsphasen die Datei sehr häufig Änderungen unterliegt. Folglich sollte diese Austauschdatei ebenfalls mit Hilfe von Automatismen erzeugt werden, um eventuelle fehlerhafte Einträge zu minimieren.

Austauschdatei für Komponenten:

Verbindungsstelle	Abstand Mutter	Abstand Schraube	CAD–Modell Schraube	CAD–Modell Mutter	CAD–Modell Scheibe

Austauschdatei für Werkzeuge:

Verbindungsstelle	Abstand Werkzeug Schaube	Abstand Werkzeug Mutter	Winkel Werkzeug Schraube	Winkel Werkzeug Mutter	CAD–Modell Werkzeug 1	CAD–Modell Werkzeug 2	CAD–Modell Werkzeug 3	CAD–Modell Werkzeug 4	CAD–Modell Werkzeug 5	CAD–Modell Werkzeug 6

Abbildung 5.11: Format der Austauschdatei für Abstände und Winkel zum Positionieren der Geometrieelemente

Für die Positionierung der Werkzeugmodelle ist es vorteilhaft, wenn die korrekten Zuordnungen und Abstände der Verbindungselemente vorliegen, da die Werkzeuge auf die Verbindungselemente positioniert werden. Viele Werkzeugmodelle sind nicht rotationssymmetrisch, weshalb zwei Korrekturwinkel für die radialen Ausrichtungen der Werkzeuge entlang der Verschraubungsachse benötigt werden. Ein Korrekturwinkel gilt für Werkzeuge auf der Seite der Schraube, der zweite Korrekturwinkel für die Werkzeuge auf der Seite der Mutter. Liegen die Abstandwerte für die Verbindungselemente nicht vor, können die Werkzeuge mit einem Standardabstand zum Ursprung des Ziel-KOS positioniert werden. Somit ist die axiale und radiale Ausrichtung korrekt. Der richtige Abstand zur Verbindungsstelle sollte anschließend manuell korrigiert werden. Über die Zuordnung der Werkzeugmodelle mit Hilfe der Austauschdatei ergibt sich auch die korrekte Kette von Nuss, Verlängerung und Schrauber.

Bei einer Zuordnung mit Hilfe der PDM-Struktur und ohne vorliegende Metadaten können lediglich alle Werkzeugmodelle in einem Montageschritt als ein zusammenhängendes Werkzeug automatisiert positioniert werden. Eine Erweiterung der Metadaten der Werkzeuge um die Information des Werkzeugtyps würde dieses Problem lösen.

In Abbildung 5.12 sind alle erläuterten Kombinationen aus möglichen Bereitstellungsformen der notwendigen Informationen dargestellt. Die Auswirkungen auf den automatisierten Positionierungsprozess sind ebenfalls verdeutlicht.

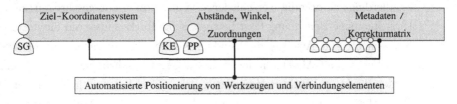

Abbildung 5.12: Zuordnung der Rollen bei maximalem Automatisierungsgrad

125

Um letztendlich die Geometriedaten der Komponenten und Werkzeuge innerhalb des Systems korrekt zu positionieren, werden die Referenz-Koordinatensysteme im Bezug zum Gesamtfahrzeug-Koordinatensystem verschoben. Die Positionierung der Instanzen wird im CAD-System immer in Bezug zum Konstruktionskoordinatensystem durchgeführt. Folglich müssen die jeweiligen Konstruktions-KOS in Bezug zum Gesamtfahrzeug-KOS so verschoben werden, dass das Referenz-KOS auf dem Ziel-KOS liegt. Hierfür ist eine Matrixrechnung notwendig, um die korrekte Position des Konstruktions-KOS zu definieren. Anschließend werden die Verbindungselemente und Werkzeuge entsprechend der jeweiligen Abstände entlang der Verschraubungsachse verschoben. Somit ist die Grundlage für eine geometrische Absicherung der Verbindungsstellen, inklusive der dazugehörigen Produktionsmittel, gegeben.

Zusammenfassend gilt, dass mit Hilfe der entwickelten Methode die Informationsklassen Geometriedaten, Ausricht- Haltekonzept und Montagereihenfolge sowie Montagelagen und -abläufe direkt während der Konstruktion im CAD-System untersucht und eventuelle Auswirkungen auf das Produkt oder den Produktionsprozess transparent dargestellt werden können. Die konkrete Umsetzung der Methode im PDM- und CAD-System geht aus der nachfolgenden Beschreibung des Datenmodells hervor.

5.2.3 Elemente der Datenstruktur und generischer Aufbau

Für eine statische Bauraumdarstellung sind grundsätzlich Geometriedaten der Komponenten und Werkzeuge notwendig. Um diese in Bezug zur Montagereihenfolge im CAD-System abbilden zu können, werden sie mit Hilfe von verschiedenen Strukturelementen in Beziehung gesetzt. Hierbei dient der Montageschritt als zentrales Element.

Produktdatenstrukturierung

Grundsätzlich ist im Datenmodell der Produktstruktur jeder Montageschritt als „ADD" bezeichnet. Um eine komplette Fahrzeugmontage abbilden zu können, ist es allerdings notwendig verschiedene Typen von Montageschritten zu definieren. Diese anonyme Benennung lässt bewusst keine Rückschlüsse auf die darin verbauten Komponenten zu. Aus diesem Grund wird dieser Typ als „anonymer Montageschritt" bezeichnet. Alle CAD-Daten der in diesem Montageschritt montierten Komponenten werden direkt im Strukturelement gespeichert. Die Referenz hierfür ist ebenfalls das Gesamtfahrzeug-Koordinatensystem, wobei die räumliche Position der Komponenten der Konstruktionslage entspricht.

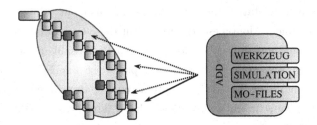

Abbildung 5.13: Montageschritt (ADD) mit Zusatzinformationen

Wie in Abbildung 5.13 dargestellt, werden jedem ADD noch drei Strukturelemente für Zusatzinformationen zugewiesen. Im Strukturelement „WERKZEUG" befinden sich alle für diesen einen Montageschritt relevanten Geometriedaten der Werkzeuge. Durch diese Form der Strukturierung kann ohne eine Analyse der Benennung der CAD-Daten eindeutig zwischen produkt- und produktionsbezogenen Daten unterschieden werden. Somit ist keine standardisierte Benennung von Komponenten oder Werkzeugen im PDM-System notwendig, was besonders für die Anwendung in sehr frühen Entwicklungsphasen von Vorteil ist. So können nahezu alle Geometriedaten, welche im PDM-System vorhanden sind ohne Anpassung oder Zusatzinformationen einem Montageschritt zugordnet werden.

Zwei weitere Strukturelemente innerhalb des „ADD" sind die Elemente „SIMULATION" und „MO-FILES". Beide dienen dazu verschiedene Typen von Zusatzinformationen neben den Geometriedaten zu speichern. Diese liegen in Form von .XML- oder .TXT-Dateien vor und können über eine freiprogrammierbare Schnittstelle im PDM-System gelesen und gespeichert werden. In „SIMULATION" werden alle Informationen gespeichert, welche für einen dynamischen Montageablauf benötigt werden. Welche Formen von Simulationen mit dem Datenmodell im CAD-System durchgeführt werden können, wird in Abschnitt 5.2.5 beschrieben. Die dafür notwendigen Formate zum Datenaustausch werden in Abschnitt 5.4 erläutert. Das Strukturelement „MO-FILES" ist stellvertretend für alle Dateiformate für Dokumentationen und Präsentationen, welche mit Hilfe von Microsoft-Office oder vergleichbaren Programmen erstellt worden sind. An dieser Stelle können für einen Montageschritt spezifische Untersuchungen in Form von Präsentationen dokumentiert werden. Des Weiteren können mit Hilfe einfacher Dateiformate geometrische Anforderungen, wie beispielsweise Mindestabstände oder maximale Verschiebewege, abgespeichert werden. Dies ist besonders bei vom Standardprozess abweichenden Anforderungen mit eventuellen Ausnahmeregelungen vorteilhaft, da diese eindeutig zugeordnet werden können. Ferner können für den Montageschritt relevante Verbindungsinformationen in Form von Schraubfalldaten beigefügt oder ein Bewertungsstatus für das Projektmanagement hinterlegt werden. Dies ist zwingend einem Montageschritt und nicht der Verbindungsstelle zuzuordnen, da an einer Verbindungsstelle über den gesamten Prozessablauf mehrere Schraubfalldaten vorgegeben sein können. Dies ist beispielsweise der Fall, wenn eine Komponente zunächst nur mit Voranzug montiert und später in einer größeren Anlage auf Endanzug verschraubt wird. Auch kann an dieser Stelle die Information für die jeweilige konzeptrelevante Verbindungsstelle gespeichert werden, wobei es aus beschriebenem Grund möglich sein muss, dass sich mehrere Montageschritte auf dieselbe Verbindungsstellen-ID beziehen.

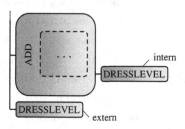

Abbildung 5.14: Montageschritt (ADD) mit internem und externem DRESSLEVEL

Um eine umfangreichere Montagereihenfolge abbilden zu können ist es notwendig mehrere Montageschritte aneinander zu reihen. Hierfür ist ein weiteres Strukturelement notwendig. Mit dem Element „DRESSLEVEL" wird eine Verkettung mehrerer Montageschritte zu einer Montagereihenfolge möglich. Hierbei wird wiederum zwischen zwei verschiedenen Typen unterschieden (Abbildung 5.14).

Um mehrere Montageschritte in einer Reihe zu verketten, wird ein sogenanntes „externes DRESSLEVEL" parallel zum „ADD" eingefügt. Dieses „DRESSLEVEL" dient als Sammler aller bereits verbauten Komponenten und beinhaltet das zuvor montierte „ADD" und dessen „externes DRESSLEVEL". Das aktuell betrachtete „ADD" hängt wiederum im „externen DRESSLEVEL" danach montierten „ADD". Somit kann keine beliebig lange Kette von Montageschritten aneinandergereiht werden (Abbildung 5.15).

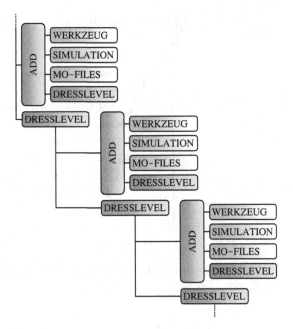

Abbildung 5.15: Vollständiges Datenmodell für Kette von drei Montageschritten

Da eine Fahrzeugmontage aus einer Verschachtelung von verschiedenen Vormontagen besteht, wobei jede Vormontage eine eigenständige Kette von Montageschritten ist, wird noch ein weiteres Strukturelement benötigt. Das sogenannte „interne DRESSLEVEL" dient dazu eine Verzweigung in die Kette der Montageschritte zu bringen und befindet sich innerhalb des „ADD". Wie auch beim „externen DRESSLEVEL" beinhaltet das „interne DRESSLEVEL" das zuvor montierte „ADD" und dessen „externes DRESSLEVEL". Somit ist eine Verzweigung verschiedener Vormontagen und Verkettung einzelner Montageschritte theoretisch unbegrenzt und absolut eindeutig möglich.

Tabelle mit Unterscheidung internes/externes Dresslevel (Vater: DL/ADD, Kinder immer gleich)

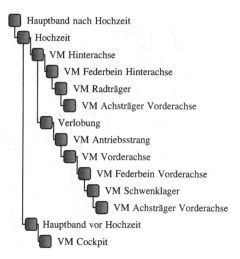

Abbildung 5.16: Grundstruktur und Starttemplate der Fahrwerkmontage (Übersicht der Montageabschnitte)

Als zweite Form des „ADD", neben dem „anonymen ADD", ist das „benannte ADD" relevant. In der Montage gibt es Werkzeuge, welche in mehreren Montageschritten zum Einsatz kommen. Diese sind zum Beispiel Werkstückträger oder Spannvorrichtungen, da diese über die gesamte Dauer einer Vormontage aus geometrischer Sicht relevant sind. Wird ein aus mehreren Komponenten bestehender Vormontageumfang von einem Werkstückträger auf einen anderen gehoben, so spricht man vom Ende eines Montageabschnittes. Das „benannte ADD" dient als Sammler aller Montageschritte innerhalb eines Montageabschnittes und beinhaltet keine CAD-Daten der Komponenten. Es wird nach einem definierten Montageabschnitt benannt und beinhaltet in seinem Strukturelement „WERKZEUG" den für alle im „internen DRESSLEVEL" befindlichen Montageschritte relevanten Werkstückträger.

Da für bestehende Fahrzeug und Antriebskonzepte bereits umfangreiche Prozessstrukturen in den Werken bestehen, können mit der in Abbildung 5.16 dargestellten generischen Struktur von Montageabschnitten bereits in sehr frühen Phasen Untersuchungen durchgeführt werden. Dennoch ist es möglich die Positionen der Montageabschnitte innerhalb der Montagereihenfolge zu ändern, neue Montageabschnitte aufgrund neuartiger Fahrzeugkonzepte hinzuzufügen oder nicht benötigte Montageabschnitte zu löschen. Die Funktionen zur Modifikation einer bestehenden Produktstruktur und deren Regelset werden in Abschnitt 5.2.4 detailliert beschrieben.

Der standardisierte Aufbau der Datenstruktur und die durchgängige Benennung der Strukturelemente bietet zudem ein hohes Automatisierungspotential. So können mit geringem Aufwand Folgeprozesse für die erleichterte Nutzung der Informationen entwickelt werden. Diese Folgeprozesse sind beispielsweise das Darstellen von dynamischen Montageabläufen oder statischen Montagelagen und werden in Abschnitt 5.2.5 beschrieben.

Generische Montageschritte und Montageschritt-ID

Um weitere Vorteile einer Automatisierung nutzen zu können, ist eine eindeutige Montageschritt-ID entwickelt worden. Mit Hilfe dieser Montageschritt-ID ist es möglich den Übergang zwischen den sehr frühen Entwicklungsphasen und der Serienentwicklungsphase aufwandneutral zu gestalten. Hierfür werden die Elemente der montageorientierten Produktstruktur wiederverwendet und mit einem generischen Teilekatalog, generischen Verbindungsstellen und generischen Vorgangsbezeichnungen in Beziehung gesetzt.

Als generischer Vorgang wird eine Tätigkeit während der Montage bezeichnet. Diese Vorgänge müssen so allgemein formuliert sein, dass sie über die gesamte Montage gültig sind aber auch so spezifisch, dass die Unterschiede zwischen ihnen klar hervorkommen. In Tabelle 5.2 sind alle generischen Vorgänge bezeichnet und beschrieben.

Tabelle 5.2: Übersicht der generischen Vorgänge

	Bezeichnung	Beschreibung
1	Ausrichten	Zwei Komponenten zueinander ausrichten
2	Montieren	Fügen, Heften und Endanzug in einem Vorgang
3	Endanzug	Verschrauben auf vorgegebenes Drehmoment
4	Heften	Voranzug für temporäre Verbindung während der Montage
5	Fügen	Hinzubringen einer Komponente zum Vormontageumfang
6	Stecken el./hydr.	Herstellen einer Verbindung von Kabeln oder Leitungen
7	Auflegen	Auflegen einer Komponente auf einen Werkstückträger
8	Abstecken	Positionieren einer Komponente in einem Werkzeug mit Toleranzvorgabe
9	Aufnehmen	Halten einer Komponente im Werkzeug unter Krafteinwirkung
10	Zurückbinden	Temporäres Umpositionieren um Fügefreiraum zu gewährleisten
11	Pulsen	Federn der Achse nach/während Achseinstellung
12	Spur / Sturz	Einstellvorgang der Achse für Spur und Sturz
13	Einzugs-/ Auszugsprüfung	Prüfen der getriebeseitigen Antriebswellengelenke auf korrekte Montage
14	Zahn auf Zahn-prüfung	Prüfen der radseitigen Antriebswellengelenke auf korrekte Montage
15	Vorspannen	Vorspannen von Gummilagern um Montagelage bei abweichender Achsstellung zu simulieren
16	Medienbefüllung/ Befetten	Befüllung von Flüssigkeiten und Sonderprozess „Befettung"

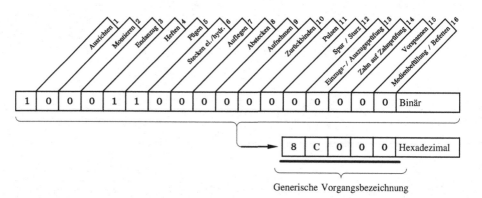

Abbildung 5.17: Vorgangsbezeichnung in binärer und hexadezimaler Form

Eine generische Verbindungsstelle ist die Verbindung von zwei oder maximal drei Komponenten miteinander. Hierbei dient ein generischer Teilekatalog als Grundlage für die Bezeichnung der Komponenten. Die Verbindungsstelle definiert sich wiederum durch das Aneinanderreihen von Komponentenbezeichnungen. An dieser Stelle muss zwischen generischen Verbindungsstellen und konzeptrelevanten Verbindungsstellen unterschieden werden. Eine generische Verbindungsstelle besteht zwischen zwei Komponenten, welche miteinander verbunden werden. Hierfür ist es nicht relevant, ob diese Bauteile durch ein oder mehrere Verbindungselemente miteinander verbunden werden. Eine konzeptrelevante Verbindungsstelle ist immer durch ein bestimmtes Verbindungselement definiert. Des Weiteren sind diese Verbindungen zwingend notwendig um den Fahrwerkmechanismus kinematisch zu beschreiben. Das bedeutet, dass alle konzeptrelevanten Verbindungsstellen auch generische Verbindungsstellen sind aber nicht alle generischen Verbindungsstelle konzeptrelevant sind.

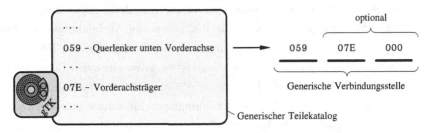

Abbildung 5.18: Definition der generischen Verbindungstelle mit Bezug zum generischen Teilekatalog

Die bereits erläuterte Tatsache, dass an einer Verbindungsstelle mehrere Vorgänge durchgeführt werden können, begründet die Notwendigkeit der Definition von generischen Montageschritten. Der generische Montageschritt ist die Kombination aus den Vorgangsbezeichnungen und der Verbindungsstelle. Somit kann aus einer Zuordnung der Tätigkeit zu verschiedenen Komponenten ein Montageschritt eindeutig identifiziert und einem „ADD" in der Produktstruktur zugeordnet werden.

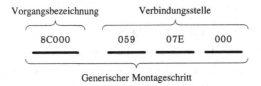

Übersetzung: Fügen, Heften Querlenker unten Vorderachse zu Vorderachsträger

Abbildung 5.19: Definition des generischen Montageschrittes

Um diese Identifizierung automatisiert durchführen zu können, wird die Montageschritt-ID verwendet. Die Vorgangsbezeichnungen liegen in einer definierten Reihenfolge vor. Aus diesem Grund werden die relevanten Vorgangsbezeichnungen als Hexadezimal-Code dargestellt. Die Auswahl der Vorgänge für einen Montageschritt werden binär vorgenommen. In einem Montageschritt werden mehrere Vorgänge abgebildet. Deshalb muss eine Mehrfachauswahl möglich sein. Dies wäre zum Beispiel beim Montageschritt „Fügen/Heften Querlenker an Achsträger" notwendig, weil der Endanzug auf Solldrehmoment erst später mit einem anderen Werkzeug erfolgt. Da nicht immer der erste Vorgang relevant ist, wird zusätzlich ein Kontrollbit zu Beginn der Montageschritt-ID hinzugefügt. Das Kontrollbit stellt aus informationstechnischer Sicht den Signalbeginn dar. Dieses Prinzip ermöglicht, dass binär-arbeitende Rechnersysteme das Signal vollständig erkennen und nicht versehentlich Nullen zu Signalbeginn ignorieren.

Die generische Verbindungsstelle besteht aus drei dreistelligen Hexadezimal-Codes, welche die drei Komponenten für die generische Verbindungsstelle beschreiben. Grundlage hierfür ist die Position im generischen Teilekatalog. Im Teilekatalog können jedoch Änderungen stattfinden. Deshalb ist es notwendig einen Bezug zur relevanten Version des Kataloges mit Hilfe einer Versionsnummer zu schaffen. Hierfür ist am Ende der Montageschritt-ID eine Versionsnummer für Format und Inhalt definiert. Die Version des Inhaltes bezieht sich auf den verwendeten Teilekatalog, die Version des Formates bezieht sich primär auf die Reihenfolge und Anzahl der Vorgänge. Somit ist es möglich, dass später zusätzliche Vorgänge und Bauteile hinzugefügt werden können und dennoch in der Vergangenheit erzeugte Montageschritt-IDs eindeutig bleiben.

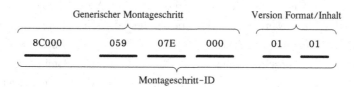

Abbildung 5.20: Aufbau der Montageschritt-ID inklusive Versionierung

Im Zusammenspiel mit der Produktdatenstruktur ist es notwendig, dass der Anwender in einer sehr frühen Phase so lange die Montageschritte auch ohne ID bezeichnen kann, bis beispielsweise aufgrund neuer Komponenten der generische Teilekatalog erweitert wird. Theoretisch soll die Methode beide Fälle abdecken können, um ein späteres Übersetzen dieser neuartigen Komponenten zu ermöglichen. Dies stellt die Verbindung zu späteren Entwicklungsphasen dar. In der Serienentwicklung wird mit Hilfe von komplexen Produktionsplanungstools die genaue Auslastung der Werke definiert und mit der aktuell im Werk stattfindenden Montage abgeglichen. Die Montageschritt-ID ist das Instrument um die Beziehung zwischen Komponente und Prozessschritt von der frühen in die späte Phase zu übertragen.

Verbindung zwischen funktions- und montageorientierter Strukturierung

Für die Entwicklung der Teilsysteme und Komponenten im Fahrzeug werden in den frühen Phasen sogenannte „Fahrzeugstrukturen" mit bestimmten Ausstattungskonfigurationen aufgebaut. Die darin befindlichen Komponenten sind ebenfalls in der montageorientierten Produktstruktur vorhanden, werden allerdings in einer anderen Form sortiert. Da der Bezug das gleiche konfigurierte Fahrzeug ist, muss eine logische Verbindung zwischen den Strukturen bestehen (Abbildung 5.21).

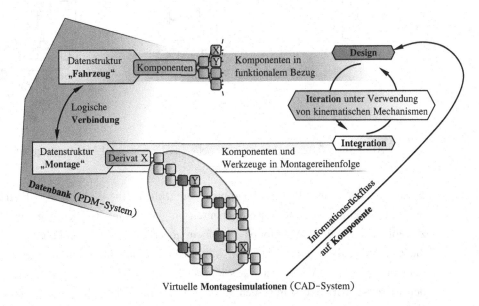

Abbildung 5.21: Verbindung zwischen Fahrzeug- und Montagestruktur[7]

Diese logische Verbindung kann in Abhängigkeit der Entwicklungsphase unterschiedlich ausgeprägt sein, wobei die Methode in jeder Phase angewendet werden kann. In sehr frühen Entwicklungsphasen erfolgt die Zuordnung der Komponenten manuell durch den Entwickler. Wenn eine Komponente weder im generischen Teilekatalog, noch in der offiziell gepflegten Fahrzeugstruktur vorhanden ist kann für die Zuordnung kein Automatismus genutzt werden. In diesem Fall ist der Pflegeaufwand sehr hoch, allerdings ist die Anzahl der Komponenten sehr gering. Der Entwickler muss hierfür seine Komponente einem definierten Montageschritt zuordnen. Ist dieser noch nicht

---

[7]   Abbildung nach Leistner u. a. [71]

vorhanden, kann der Schritt in Absprache mit dem Produktionsplaner direkt an der richtigen Stelle innerhalb der Montagereihenfolge eingefügt werden.

Existiert gegen Ende der ersten virtuellen Architekturbaugruppe die erste befüllte Fahrzeugstruktur, so wird die Montagestruktur direkt mit dem konfigurierten Fahrzeug verknüpft. Diese Verknüpfung geschieht jeweils auf der höchsten Strukturebene (Abbildung 5.21). Ändert sich nun in der Fahrzeugstruktur eine Komponente kann diese Änderung in die Montagestruktur übertragen werden.

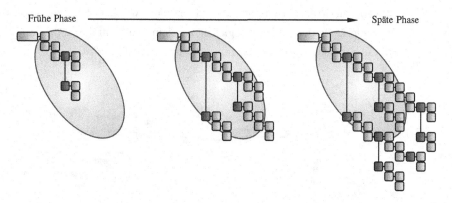

Abbildung 5.22: Verbindung zwischen Fahrzeug- und Montagestruktur

In den letzten virtuellen Baugruppen der frühen Phase, kurz vor Beginn der Serienentwicklung, liegen alle Komponenten im generischen Teilekatalog vor. Das hat zur Folge, dass jedes CAD-Modell mit einem generischen Teil verknüpft ist und somit die Zuordnung der Komponenten zur Montagereihenfolge über die Montageschritt-ID erfolgen kann. Der Vorteil ist, dass hierbei bereits frühzeitig die Komponenten an den Prozessschritt und somit auch an das Produktionselement gekoppelt sind. Diese Kopplung kann in Form eines Struktur-Exports in maschinenlesbarer Form anderen Tools und Prozessen der Serienentwicklung bereitgestellt werden (siehe Abschnitt 5.4). Die Montagestruktur kann allerdings auch bis zum Ende der Serienentwicklung bestehen bleiben und stets weiter detailliert werden (Abbildung 5.22).

Zusatzinformationen innerhalb der Datenstruktur

Um die Abstimmprozesse für die produktionstechnische Integration zu unterstützen, ist es möglich im Datenmodell Zusatzinformationen zu speichern. Diese Funktion ist notwendig um beispielsweise Schraubfalldaten oder Abstimmdokumente mit Statusbewertungen aktueller Konzepte abzulegen. Der Dateityp ist dabei auf verschiedene Text-, Präsentations-, Tabellen- Komprimierungsdateien erweitert. Somit ist sichergestellt, dass eventuelle Folgeprozesse nicht aufgrund eingeschränkter

Verarbeitbarkeit von Dateisystemen beeinträchtigt werden.

Die Referenz ist analog der bisherigen Vorgehensweise der Montageschritt. Innerhalb eines Schrittes können jedoch grundsätzlich beliebig viele verschiedenartige Dokumente abgelegt werden.

5.2.4 Anwendung und Regelset

Der größte Vorteil dieser Form der Datenstrukturierung ist, dass über den Bezug zur Montagereihenfolge das Bauraumumfeld für jeden Montageschritt direkt aus der Struktur hervorgeht. Damit das montageschrittspezifische Bauraumumfeld dargestellt werden kann, werden nach einer bestimmten Logik verschiedene CAD-Modelle ein und ausgeblendet. Um die Strukturinformation im CAD-System vorliegen zu haben, wird die gesamte Montagestruktur aus dem PDM-System ins CAD-System geladen. Aus Gründen der Performance und Ladezeit werden zunächst ausschließlich die Meta-Daten (Strukturinformation) und die tesselierten CAD-Daten (CGRs[8]) geladen. Da nach dem Ladevorgang alle CAD-Daten eingeblendet sind, liegen sehr viele Kollisionen von Werkzeugen mit Bauteilen und anderen Werkzeugen vor. Dies liegt daran, dass während der Montage niemals alle Werkzeuge gleichzeitig verwendet werden und Werkzeuge an einigen Stellen zum Einsatz kommen, wo erst später im Produktionsprozess Komponenten hinzugefügt werden.

Aufgrund der Strukturierung ist es möglich, jedes CAD-Modell eindeutig einem Geometrietyp, wie beispielsweise Werkzeug, Werkstückträger oder Komponente, zuzuordnen. Soll das Bauraumumfeld eines bestimmten Montageschrittes dargestellt werden, muss die Position des Montageschrittes innerhalb der Struktur analysiert werden. Der geometrische Bezug der CAD-Modelle ist die Konstruktionslage der Komponenten. Das hat zur Folge, dass die produktionsbezogenen Geometriedaten beispielsweise bei „Überkopfmontage" um das Produkt rotieren. Jeder Montageschritt hat somit eine spezifische Wirkrichtung der Schwerkraft. Dieser Sachverhalt wird in Abschnitt 5.2.5 detaillierter vorgestellt.

---

[8]   CGR - CATIA Graphical Representation (CAD-Datenformat für DMU-Anwendungen)

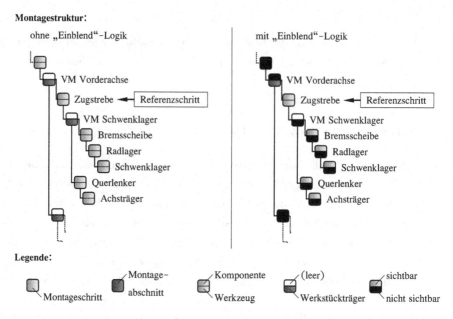

Abbildung 5.23: Montageschrittspezifisches Bauraumumfeld

Um den in Abbildung 5.23 dargestellten Montageschritt (Referenzschritt) darzustellen, müssen alle bis dahin montierten Bauteile eingeblendet bleiben und alle nach diesem Schritt montierten Bauteile ausgeblendet werden. Hierfür werden alle in der Struktur über dem Referenzschritt stehenden anonymen ADDs ausgeblendet. Des Weiteren müssen die ADDs im externen DRESSLEVEL des Referenzschrittes und das interne DRESSLEVEL mit allen darin befindlichen ADDs eingeblendet werden. Aus Gründen der Übersichtlichkeit werden die Komponenten im Referenzschritt noch farblich hervorgehoben. Diese Farbänderung bezieht sich direkt auf das ADD des Referenzschrittes und wird bei einer Änderung des Referenzschrittes zurückgesetzt.

Das für diesen Montageschritt relevante Werkzeug befindet sich im WERKZEUG des Referenzschrittes und wird eingeblendet. Alle anderen WERKZEUG-Strukturen werden ausgeblendet, außer die des prozessschrittübergreifenden Werkstückträgers. Die Geometriedaten des relevanten Werkstückträgers befinden sich im WERKZEUG des ADDs des darüber liegenden Montageabschnittes. Dieser ist für alle Montageschritte gültig, welche sich zwischen dem internen DRESSLEVEL des Abschnittes und dem nächsten Montageabschnitt befinden. Das hat zur Folge, dass das WERKZEUG des Montageabschnittes immer eingeblendet sein muss, wenn der Referenzschritt Teil der ADDs im internen DRESSLEVEL des Abschnittes ist.

Da sich allerdings während der Entwicklung Bauteile, Werkzeuge oder die

138

Montagereihenfolge ändern können, ist es notwendig, dass die Struktur nach definierten Regeln angepasst werden kann. Montageschritte und -abschnitte werden hinzugefügt, gelöscht, verschoben oder getauscht. Für jede dieser Manipulationen der Struktur sind definierte Schritte zur Änderung der Strukturinformation beschrieben. Auch an dieser Stelle ist der modulare Aufbau der Produktstruktur vorteilhaft.

Hinzufügen:

Bezug zum Datenmodell:

Um einen Montageschritt hinzuzufügen müssen unter Umständen bereits bestehende Montageschritte umgehangen werden. Grundsätzlich darf ein ADD nur in ein DRESSLEVEL eingefügt werden. Hierfür wird ein ADD, inklusive internem und externem DRESSLEVEL angelegt. Falls das neue ADD am Ende eines Montageabschnittes hinzugefügt wird, genügt es das neue ADD inklusive seiner Unterelemente in das jeweilige DRESSLEVEL einzufügen. Wird das ADD innerhalb einer Kette von Montageschritten hinzugefügt (Abbildung 5.24 S.140), wird zusätzlich das bereits im DRESSLEVEL befindliche ADD und das dazugehörige externe DRESSLEVEL entfernt und in das externe DRESSLEVEL des neuen ADDs eingefügt. Eventuelle Montageschritte innerhalb des internen DRESSLEVELs des verschobenen ADDs werden ebenfalls mit verschoben. Wird ein neuer Montageabschnitt hinzugefügt, so muss dieser immer in ein externes DRESSLEVEL eingefügt werden. Die Referenz der Funktion „Einfügen" ist ein DRESSLEVEL.

Praktischer Bezug:

In der frühen Phase werden häufig Montageschritte zusammengefasst oder nur grob detailliert dargestellt. So werden beispielsweise die Vorgänge „Fügen", „Voranzug" und „Endanzug" in einem Montageschritt „Montieren" beschrieben. Sollen später diese Vorgänge separiert werden, müssen zusätzliche Schritte in die Montagereihenfolge eingefügt werden. Dies ist beispielsweise notwendig, wenn zwischen den Vorgängen „Voranzug" und „Endanzug" weitere Bauteile hinzugefügt werden. Durch die zusätzlichen Komponenten hat sich das Bauraumumfeld für den Endanzug und somit eventuell auch die Freigängigkeit des Verschraubungswerkzeuges beim Endanzug verändert.

Wird ein Montageschritt, wie beschrieben innerhalb einer Kette von Schritten eingefügt, muss der vorangegangene Schritt verschoben werden. Dass dabei die ADDs im internen DRESSLEVEL mitgezogen werden hat den Hintergrund, dass alle Bauteile einer eventuellen Vormontage Teil des verschobenen Schrittes sind und nicht zum neuen Schritt gehören.

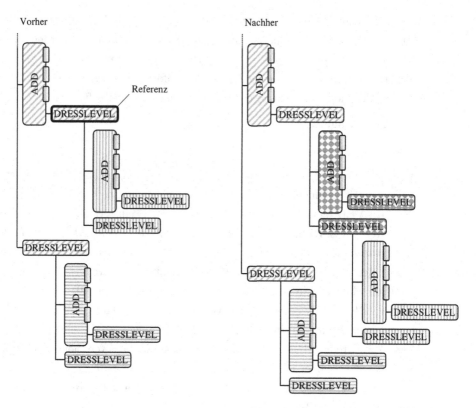

Abbildung 5.24: Hinzufügen eines Montageschrittes in die Produktstruktur

Löschen:

Bezug zum Datenmodell:

Soll ein Montageschritt gelöscht werden, muss lediglich das externe DRESSLEVEL des zu löschenden Schrittes analysiert werden (Abbildung 5.25 S.141). Ist dieses leer, kann das ADD und das dazugehörige externe DRESSLEVEL gelöscht werden. Ist dieses nicht leer, so muss vor dem Löschen der Inhalt in das DRESSLEVEL verschoben werden, in welchem sich das zu löschende ADD befindet. Somit ist sichergestellt, dass die Strukturinformation der vorangegangenen Montageschritte nicht verloren geht. Beim Löschen werden auch alle Inhalte des internen DRESSLEVEL gelöscht. Dies ist besonders beim Löschen ganzer Montageabschnitte oder Vormontagen notwendig. Die Referenz der Funktion „Löschen" ist ein ADD.

Praktischer Bezug:

Das Löschen von Montageschritten oder Montageabschnitten ist besonders dann von Bedeutung, wenn aufgrund einer Konzeptänderung einige Komponenten nicht mehr benötigt werden. Dies kann beispielsweise der Wegfall eines Lagerbockes aufgrund einer geänderten Lagerposition sein. Da diese Komponente nicht mehr betrachtet werden muss, können auch alle Schritte für eine eventuelle Vormontage dieses Lagerbockes gelöscht werden. Die darin enthaltenen Strukturinformationen sind ebenfalls nicht weiter relevant.

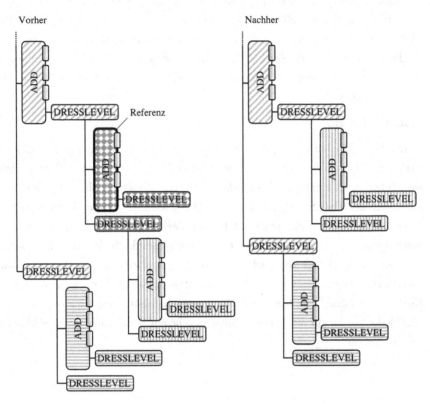

Abbildung 5.25: Löschen eines Montageschrittes aus der Produktstruktur

Verschieben:

Bezug zum Datenmodell:

Wird ein Montageschritt verschoben, dann bleibt der Inhalt des internen DRESSLEVEL des verschobenen ADDs unverändert und wird mitgenommen (Abbildung 5.26 S.143). Die Inhalte des externen DRESSLEVELs parallel zum verschobenen ADD werden in das DRESSLEVEL eingefügt, in welchem das verschobene ADD vorher hing. Das ADD wird mit seinem externen DRESSLEVEL in das Ziel-DRESSLEVEL verschoben, wobei die Inhalte des Ziel-DRESSLEVELs in das externe DRESSLEVEL des verschobenen ADDs verschoben werden. Die Referenz der Funktion „Verschieben" ist ein ADD, das Ziel ist ein DRESSLEVEL.

Praktischer Bezug:

In der Praxis bedeutet das, dass ein Montageschritt oder Montageabschnitt in allen darin befindlichen Vormontageumfängen an eine neue Stelle in der Montagereihenfolge verschoben werden kann. Dabei macht es keinen Unterschied, ob es sich um ein internes oder externes DRESSLEVEL handelt. Die daraus resultierende Interpretation bei einer Verschiebung in ein internes DRESSLEVEL wäre lediglich, dass der Schritt Teil einer anderen Vormontage ist oder als letztes innerhalb der aktuellen Vormontage durchgeführt wird. Das Verschieben von Montageschritten kann besonders in den frühen Phasen genutzt werden, um eventuelle geometrische Konflikte zwischen Werkzeugen und Komponenten durch das Verändern des spezifischen Bauraumumfeldes zu lösen. Hierbei muss jedoch stets auf die in der Realität gegebenen Bedingungen in den Montagelinien geachtet werden.

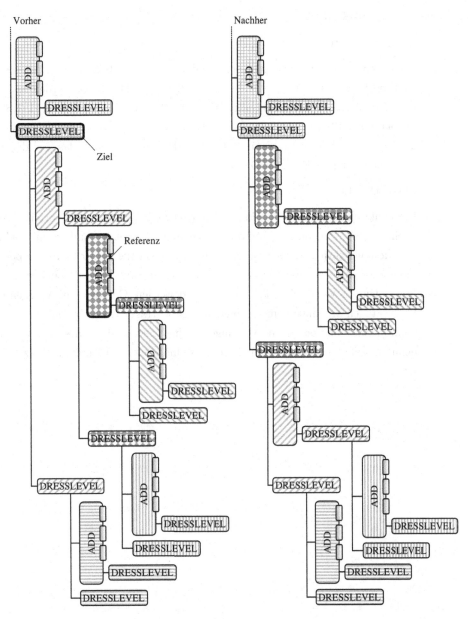

Abbildung 5.26: Verschieben eines Montageschrittes innerhalb der Produktstruktur

Tauschen:

Bezug zum Datenmodell:

Sollen zwei Montageschritte getauscht werden, bleiben die Inhalte der jeweiligen internen DRESSLEVEL unverändert (Abbildung 5.27 S.145). Die ADDs werden in das „Vater-DRESSLEVEL" des jeweils anderen ADD gehangen. Die externen DRESSLEVEL bleiben ebenfalls unverändert, da somit die Strukturinformation der vorherigen und nachfolgenden Schritte unverändert bleibt. Die Referenz und das Ziel der Funktion „Tauschen" ist jeweils ein ADD.

Praktischer Bezug:

Die Funktion „Tauschen" hat in der praktischen Anwendung den Vorteil, dass sie das zweimalige Anwenden der Funktion „Verschieben" ersetzt. Somit stellt das Tauschen von Montageschritten eine Sonderform des Verschiebens dar. Sollten zwei benachbarte Montageschritte getauscht werden, kann sowohl Tauschen, als auch das einmalige Anwenden der Verschieben-Funktion genutzt werden. Gerade beim Auflegen mehrerer Vormontagen auf einen gemeinsamen Werkstückträger ist diese Funktion von Vorteil, wenn dazwischen noch kleine Vorgänge durchgeführt werden. Dies kann beispielsweise beim Auflegen der Vorder- und Hinterachse im Montageabschnitt „Hochzeit" der Fall sein.

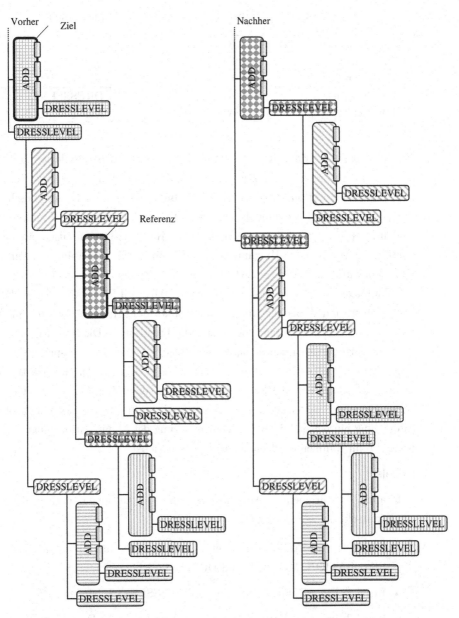

Abbildung 5.27: Tauschen zweier Montageschritte innerhalb der Produktstruktur

Tabelle 5.3: Übersicht der Strukturmanipulationen

Manipulationsfunktion	Referenz	Ziel
Einfügen	DRESSLEVEL	-
Löschen	ADD	-
Verschieben	ADD	DRESSLEVEL
Tauschen	ADD	ADD

Die in Tabelle 5.3 dargestellten Attribute der Strukturmanipulation beziehen sich auf die nutzerinduzierte Aktion im Umgang mit dem Datenmodell. Für jede Manipulationsfunktion gibt es das Attribut „Referenz". Dieses beschreibt das Ausgangdatum im Datenmodell. Das bedeutet, dass die jeweilige Funktion nur dann eindeutig ausgeführt wird, wenn das jeweilige Referenz-Datum ausgewählt wurde. So muss beispielsweise beim Hinzufügen ein DRESSLEVEL ausgewählt werden, um einen Schritt einzufügen. Würde ein ADD ausgewählt werden, wäre nicht eindeutig, ob der neue Montageschritt in das interne oder externe DRESSLEVEL soll. Bei den Funktionen „Verschieben" und „Tauschen" muss zusätzlich noch das Attribut „Ziel" definiert werden. Durch dieses Attribut unterscheiden sich die Funktionen. Die Referenz ist jeweils der Montageschritt, welcher verschoben oder getauscht werden soll (entspricht dem Drag bei einer „Drag & Drop"-Umsetzung). Ist das Ziel ein ADD, werden die Schritte getauscht, ist das Ziel ein DRESSLEVEL, wird der Schritt verschoben (entspricht dem Drop bei einer „Drag & Drop"-Umsetzung). Somit sind die Funktionen für eine toolgestützte Anwendung hinreichend definiert. Die Umsetzung der Manipulationsfunktionen wird in Kapitel 6 im Rahmen des Demonstrators beschrieben.

Regelset

Mit allen beschriebenen Anwendungen und Funktionen ergibt sich für die Produktstruktur folgendes Regelset:

- Regel 1: Ein ADD beinhaltet immer genau einen Knoten WERKZEUG, SIMULATION, MO-FILE und DRESSLEVEL

- Regel 2: Ein ADD darf nur in einem DRESSLEVEL hängen

- Regel 3: In jedem DRESSLEVEL muss genau ein ADD und ein DRESSLEVEL enthalten sein

- Regel 4: In einem internen DRESSLEVEL sind nur einfache ADDs erlaubt (keine Montageabschnitte)

- Regel 5: In einem DRESSLEVEL dürfen keine CAD-Daten gespeichert werden

- Regel 6: CAD-Daten für Komponenten werden direkt im ADD gespeichert

- Regel 7: CAD-Daten für Werkzeuge und Werkstückträger werden direkt im WERKZEUG gespeichert

- Regel 8: In einem Montageabschnitt dürfen keine CAD-Daten gespeichert werden

- Regel 9: Das „letzte" DRESSLEVEL in einem Ast muss immer leer sein

Werden diese Regeln bei der Erstellung und Pflege der Produktdatenstruktur eingehalten, ist es möglich automatisierte und somit effiziente Folgeprozesse zu implementieren. Diese können sowohl den Fokus auf die Anwendung, als auch auf der Strukturpflege haben. In Kombination mit der generischen Montageschritt-ID kann somit ein teilautomatisierter Aufbau von virtuellen Montagesimulationen durchgeführt werden.

5.2.5 Montagesimulationen und Ergebnisdokumentation

Ein möglicher Folgeprozess ist die Simulation von Fügebewegungen der Komponenten und Werkzeuge während der einzelnen Montageschritte. Die Erstellung dieser virtuellen Untersuchungen ist häufig sehr aufwändig, weshalb ein hoher Automatisierungs- und Parametrisierungsgrad vorteilhaft ist. In der Datenstruktur liegen alle Informationen in Bezug zur Konstruktionslage vor. Allerdings ist es möglich, dass die reale Montagelage davon abweicht. Grundsätzlich müssen hierfür verschiedene Zustände und Bewegungen unterschieden werden.

Zustände / Geometrische Lagen:

Die Konstruktionslage ist die in einer bestimmten Messlast definierte Zeichnungslage der Achse. Diese kann aufgrund von Varianten oder prozessualen Randbedingungen von der Montagelage abweichen. Somit ist die Montagelage die Stellung der Achse zum Zeitpunkt der Herstellung einer Verbindung. Bevor diese Verbindung hergestellt werden kann, muss die zu montierende Komponente erst zum bisher montierten Produkt gefügt werden. Die Entnahmeposition dieser Komponente beispielsweise aus einer Kiste wird als Ausgangslage der Komponente bezeichnet.

- Konstruktionslage

- Montagelage

- Ausgangslage / Grundstellung

Auch bei Werkzeugen werden verschiedene geometrische Lagen unterschieden. Analog zur Komponente ist die Ausganglage des Werkzeuges die Position, von welcher der Werker oder die Anlage den Zustellprozess beginnt. Dies könnte bei einem Akkuschrauber die Halterung im Werkstattwagen oder die Grundstellung bei einer Anlage sein. Wird die Verbindung hergestellt, muss sich das Werkzeug ebenfalls in der Montagelage befinden.

Bewegungen:

Es sind verschiedene Bewegungen notwendig, um von einer Lage in eine andere zu wechseln. Um anhand der Formulierung eindeutig erkennen zu können um welchen Vorgang es sich handelt, sind Begriffsbezeichnungen definiert. Der Wechsel einer Komponente von der Ausgangslage zur Montagelage wird als Fügebewegung bezeichnet. Besteht ein Unterschied zwischen Montage- und Konstruktionslage, beschreibt die Komponente eine sogenannte Korrekturbewegung von der Konstruktions- zur Montagelage. Wechselt ein Werkzeug von der Ausgangslage zur Montagelage, wird dies als Zustellbewegung bezeichnet. Umgangssprachlich wird bei Montageanlagen für den zurückgelegten Weg auch die Bezeichnung Verfahrweg genutzt. Die Korrekturbewegung ist für Komponenten und Werkzeuge gleich.

- Fügebewegung

- Zustellbewegung

- Korrekturbewegung

In Zusammenhang mit den definierten CAD- und PDM-Methoden ist es möglich diese Bewegungen automatisiert darzustellen. Dafür wird mit Hilfe verschiedener Datenformate der räumliche Bewegungsablauf direkt im Montageschritt gespeichert. Dabei kann für jeden Montageschritt eine Fügebewegung, eine Zustellbewegung und eine Korrekturbewegung eindeutig definiert werden. Der Bezug zur jeweiligen Geometrie erfolgt durch die Struktur des Datenmodells. Dieser Zusammenhang wurde eingehend erläutert.

Grundsätzlich wird zwischen zwei Arten der Bewegungssimulation im Rahmen der entwickelten Methodik unterschieden. Zum einen ist es möglich mit Hilfe der im CAD integrierten Sonderkinematik den Bewegungsablauf der Achse unter Berücksichtigung des kinematischen Mechanismus darzustellen. Die zweite Möglichkeit ist das Nachfahren von Geometrie auf vorher definierten dreidimensionalen Kurven, den sogenannten „Tracks".

Simulationen auf Grundlage der Kinematik

Wie bereits erläutert existieren innerhalb der Kinematik steuerbare Gelenke. Dabei ist es beispielsweise möglich über eine externe Eingabe den Zahnstangenweg zu ändern. Die Achse beschreibt infolgedessen eine Lenkbewegung. Durch die in der Sonderkinematik zusätzlich eingebrachten steuerbaren Gelenke kann die Bewegung der Achse von der Konstruktions- in die Montagelage beschrieben werden. Dies geschieht auf Grundlage von Stützstellen. Jede Stützstelle beschreibt eine durch die Werte der Gelenke definierte Stellung. Zwischen zwei Stützstellen wird die Bewegung mit Hilfe einer linearen Interpolation simuliert. Dabei wird mit Hilfe der im CAD-System bereitgestellten Simulationsmethoden sichergestellt, dass jede interpolierte Position zwischen zwei Schnittstellen unter den Restriktionen des Mechanismus ermittelt wird.

Format für Bewegungsmuster:

Schritt (Step)	Command 1	Command 2	Command 3	...	Command x
KO-Lage	0 mm	0 mm	0 mm	...	0 mm
Lage bei Verlobung	200 mm	70 mm	25 mm	...	x mm

Abbildung 5.28: Schematischer Aufbau eines Bewegungsmusters mit zwei Stützstellen

Abbildung 5.28 stellt das Mengengerüst der notwendigen Stützstellen für eine Verlobungssimulation dar. Dieses Text-File wird auch als sogenanntes „Bewegungsmuster" bezeichnet. In diesem ist in definierten Schritten („Steps") für jeden Gelenkwert („Command") der dazugehörige Wert beschrieben. Es sind nur zwei Stützstellen dargestellt. Die Konstruktionslage ist dadurch gekennzeichnet, dass alle Werte Null sind. Durch die Angabe von Gelenkverschiebungen wird die Montagelage für den Montageschritt „Verlobung" definiert. Letztendlich werden die Bewegungen der Kinematik auf die Geometrie übertragen. Der Bezug zwischen den Elementen des kinematischen Mechanismus und der Bauteilgeometrie erfolgt ebenfalls über ein Text-File, dem sogenannten „DressUp". In Abbildung 5.29 ist das Ergebnis der Simulation im CAD-System dargestellt.

Abbildung 5.29: Achse in Montagelage bei Verlobung[72]

Simulationen auf Grundlage von Tracks

Eine weitere Möglichkeit für die reproduzierbare Darstellung von räumlichen Bewegungen in einem CAD-System sind die Tracks. Mit Hilfe dieser ist es möglich jede Art von Geometrie anhand einer Definierten Kurve bewegen zu lassen. Diese Kurve arbeitet, ähnlich wie Bewegungsmuster, auf Grundlage von Stützstellen. Die Stützstellen von Tracks sind Punkte und Ausrichtungen im Raum. Innerhalb eines Tracks können beliebig viele Punkte inklusive derer räumlicher Ausrichtung gespeichert werden. Beim Übergang von einem Punkt auf einen anderen wird die Position der Geometrie ebenfalls mit Hilfe von verschiedenen Interpolationsmethoden errechnet. Diese kann beispielsweise linear oder mit Hilfe eines sogenannten „Splines" (einer gekrümmten Kurve) ablaufen.

In Abbbildung 5.30 ist der schematische Aufbau eines Tracks mit drei Stützstellen dargestellt.

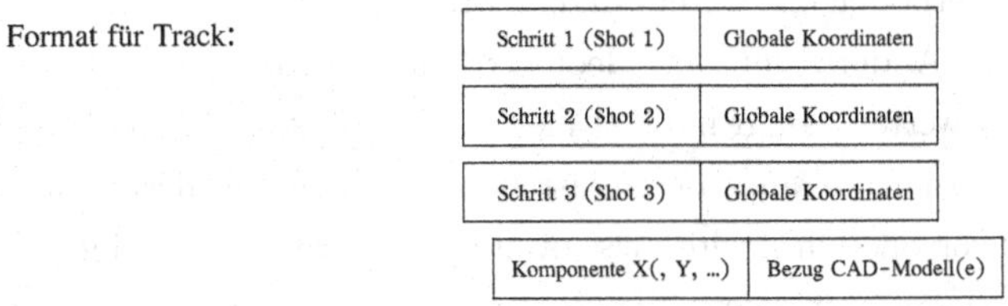

Format für Track:

Schritt 1 (Shot 1)	Globale Koordinaten

Schritt 2 (Shot 2)	Globale Koordinaten

Schritt 3 (Shot 3)	Globale Koordinaten

Komponente X(, Y, ...)	Bezug CAD-Modell(e)

Abbildung 5.30: Schematischer Aufbau eines Tracks mit drei Stützstellen

Die Zuordnung der zu bewegenden Geometrie wird ebenfalls über die Datenstruktur realisiert. Dabei wird lediglich unterschieden, ob es sich um ein Werkzeug oder eine Komponente handelt. Bezugnehmend auf die Methode der automatisierten Positionierung von Werkzeugen oder Verbindungselementen ist es ebenfalls möglich, den letzten Punkt im Track automatisiert anzupassen. Hierfür wird der Punkt mit dem eingangs definierten Ziel-KOS abgeglichen und gegebenenfalls aktualisiert.

Ergebnisdokumentation

Die entwickelte Methodik ermöglicht es hochiterative Arbeitsweisen mit Hilfe moderner CAD-Methoden zu unterstützen. Mit Hilfe des modularen Aufbaus ist es möglich kleine Änderungen an Geometrie und Prozess direkt während der Konstruktion zu bewerten. Aufgrund der Vielzahl von Austauschdateien ist es möglich kleinere Dokumentationsumfänge bereitzustellen. Wenn eine Änderung in einer dieser Austauschdateien vorgenommen wird muss nicht die komplette Simulation neu aufgebaut werden, sondern kann mit dem einen geänderten Eingangsdatum direkt wieder durchgeführt werden.

Als Beispiel soll in diesem Abschnitt der Mindestabstand zweier Komponenten während der Fügebewegung dienen. Beschichtete oder lackierte Teile dürfen aus Gründen des Korrosionsschutzes während der Montage nicht beschädigt werden. Deshalb ist stets darauf zu achten, dass während der Montage genügend Abstand zwischen den Komponenten bleibt. Dieser Mindestwert in mm ergibt sich beispielsweise aus Erfahrungswerten oder gegebenen Toleranzlagen. Wird diese Situation virtuell mit Hilfe von Tracks simuliert kann beispielsweise für jede Stützstelle des Tracks ein gemessener Abstand zwischen den Komponenten dokumentiert und in der Datenstruktur gespeichert werden.

Ändert sich die Geometrie einer Komponente kann diese direkt nach der Änderung mit Hilfe der bestehenden Eingangsdaten erneut simuliert werden. Dies ist möglich, da der Track, die Geometrie der beteiligten Bauteile und das montageschrittabhängige Bauraumumfeld in Form der Datenstruktur modular vorliegen. Die neuen virtuell ermittelten Abstände können in Form einer neueren Variante der Zusatzinformation im Datenmodell gespeichert werden. Eine Versionierung ist über Datumsangabe und die Zuordnung der Eingangsdaten (Track, Stand der Geometrie, Version Datenstruktur) nachvollziehbar. Eine umfangreiche Darstellung der Simulationsergebnisse wird anhand des Beispiels aus Kapitel 6 detailliert verdeutlicht.

5.3 Anforderungen und Eingangsgrößen

Anforderungen an die Anwendbarkeit der Methodik

Damit die Methodik bereits frühzeitig angewendet werden kann, sind folgende Eingangsgrößen notwendig:

- Grundstruktur der Fahrzeugmontage (Montagereihenfolge)

- Geometriedaten für Komponenten und Werkzeuge

Mit diesen beiden Eingangsgrößen kann bereits eine kleine Datenstruktur aufgebaut werden. Der Vorteil hierbei ist, dass die Informationen nicht in einer hohen Reife vorliegen müssen. Das bedeutet, es könnte beispielsweise für die Untersuchung eines neuartigen Fahrzeugkonzeptes die Montagereihenfolge eines bestehenden Fahrzeuges als Grundlage genommen und im Rahmen der bereits vorliegenden Kenntnisse angepasst werden. Die Geometriedaten der Werkzeuge könnten beispielsweise die aktuell im Werk verwendeten Modelle sein, wohlwissend dass diese zu SOP des betrachteten Fahrzeuges erneuert werden müssen. Auch die Geometriedaten der Komponenten könnten in Form von Bauraumbelegern geringer Reife vorliegen. Alle anderen zusätzlichen Elemente sind optional und können im Laufe der Entwicklung beliebig hinzugefügt werden.

Während der gesamten Entwicklung stellt diese Struktur die Grundlage für den unternehmensweiten Informationsaustausch für produktionstechnische Belange im Fahrwerk dar. Dies hat zur Folge, dass je mehr derartige Datenstrukturen entstehen und genutzt werden, die automatisierte Pflege und Erstellungsfunktionen implementiert werden können. Im Umkehrschluss können auch einzelne kleinere Datenstrukturen mit reduziertem Umfang für separat zu betrachtende Untersuchungen herangezogen werden. Dies könnte beispielsweise bei zwei Szenarien der Federbeinmontage oder unterschiedlichen Produktkonzepten angewendet werden.

Für die Anwendung in späteren Entwicklungsphasen ist es von besonderer Bedeutung die sehr umfangreichen Datenstrukturen übersichtlich anwenden zu können. Hierfür wurde im Rahmen der Promotion ein Tool entwickelt, welches den Umgang mit äußerst komplexen Strukturen ermöglicht. Zusätzlich wurde im Rahmen dessen das automatisierte Abrufen von Zusatzinformationen und Erstellen von Simulationen untersucht. Die Ergebnisse werden anhand der praktischen Anwendung in Kapitel 6 erläutert.

Bezug zur Analyse des Produktentwicklungsprozesses

Im Rahmen der entwickelten Methodik sind folgende Informationsklassen fokussiert betrachtet:

- Geometriedaten Komponenten

- Geometriedaten Werkzeuge

- Geometriedaten System

- Montagereihenfolge

- Ausricht- / Haltekonzept

- Statische Montagelagen

- Dynamische Montageabläufe

Zusätzlich ist es möglich im Rahmen der Methodik die Informationsklassen Schraubfalldaten, Varianten, Toleranzen und Kräfte zu berücksichtigen. Diese wurden jedoch nicht durch automatisierte Methoden unterstützt, da hier die Problematik der Kausalitätsschleifen überschaubar ist.

Damit sind einhergehend zur Analyse des Entwicklungsprozesses hinsichtlich produktionstechnischer Belange im Fahrwerk die herausgearbeiteten Schwerpunkte fokussiert. Die Bearbeitung dieser Schwerpunkte wird mit Hilfe von virtuellen Entwicklungsmethoden beschleunigt.

5.4 Schnittstellen und informatischer Austausch der Methodik

Schnittstellen zu bestehenden entwicklungsseitigen Methoden

Für bestehende geometrienahe Methoden auf Entwicklungsseite kann primär der Austausch mit den Fahrwerkkinematiken herangezogen werden. Diesbezüglich gibt es mehrere Schnittstellen zum Datenaustausch. Die verwendete Schnittstelle, um den Bezug zwischen kinematischem Element und Bauteilgeometrie herzustellen, ist das DressUp. Das DressUp verknüpft die Strichpunktgeometrie der Kinematik mit der 3D-Geometrie der Bauteile. Dieses Format ist bereits existent und kann für die Verknüpfung von Werkzeugen und Verbindungselementen unverändert herangezogen werden. Somit ist es möglich auch Werkzeuggeometrien mit dem Mechanismus zu verknüpfen und geometrische Untersuchungen durchzuführen.

Ein weiteres Element ist das Bewegungsmuster. Dieses beschreibt die Stützstellen der Kinematik. Bestehende Bewegungsmuster können nur zwei veränderliche Gelenke berücksichtigen. Diese sind in Betriebszuständen der Achse Federn und Lenken. Für die produktionstechnische Integration ist dieses Austauschformat um zusätzliche steuerbare Gelenke („Commands") erweitert worden. Die Anwendung in Betriebszuständen ist dennoch möglich indem die Gelenkwerte der zusätzlichen Commands null gesetzt werden.

Eine weitere Schnittstelle ist die Verknüpfung der Kinematik mit der Gelenkwinkelanalyse. Dabei wird neben dem Bewegungsmuster eine Textdatei mit allen Kinematikpunkten in ein Analysetool übermittelt. Im Rahmen der methodischen Vorklärung der erarbeiteten Simulationsmethoden erfolgte eine Abschätzung der Integration der Bewegungen während der Montage in die Gelenkwinkelanalyse. Beispielhaft konnte ein erweitertes Bewegungsmuster in die Analyse eingespielt werden. Die Ergebnisse waren beim betrachteten Beispiel einer DQ4 plausibel.

Letztendlich wurde auf Grundlage dieser Ergebnisse die Bewegung der Antriebswelle simuliert und in einem Verschiebeweg-Winkel-Diagramm des getriebeseitigen Tripodengelenkes eingetragen. Es ist ebenfalls möglich die Bewegungen während der Montage mit der erarbeiteten Methode darzustellen und geometrische Abschätzungen für die Antriebswellengelenkauslegung zu treffen. Zu beachten ist jedoch, dass aufgrund der langsamen Bewegungen und geringen auftretenden Kräfte ein quasistatischer Zustand angenommen werden kann. Bauteilverformungen beziehungsweise daraus resultierende Kräfte, wie beispielsweise die der Antriebswellenmanschette, wurden nicht betrachtet.

Schnittstellen zu bestehenden produktionstechnischen Methoden

Um die im Rahmen der frühen Entwicklungsphase erarbeitete Montagereihenfolge in die später ablaufende Produktionsplanung zu übertragen, ist ein eigenes neutrales Austauschformat entwickelt worden. Dieses stellt die Schnittstelle zu allen Tools und Methoden dar, welche eine Montagereihenfolge als Eingangsdatum benötigen. Mit Hilfe einer neutralen und maschinenlesbaren Schnittstelle in Form einer XML-Datei wird die vollständige Strukturinformation des Datenmodells inklusive aller verwendeter Geometriedaten und dazugehöriger Positionsinformationen abgebildet. Für die Implementierung dieser Informationen in bestehende Tools der Montageplanung kann ein Übersetzungsschritt in das Format des Empfängertools notwendig sein. Grundsätzlich bietet die verwendete Methode die Möglichkeit solche Übersetzungen vollständig automatisiert durchzuführen.

Schnittstellen einzelner Methoden innerhalb der Methodik

Innerhalb der Methodik dient eine Vielzahl von Schnittstellen zwischen den einzelnen Methoden dazu, unternehmensweiten Informationsfluss zu gewährleisten und durch standardisierte Formate weniger fehleranfällig zu gestalten. Um die bereits erläuterten Austauschformate aus Gründen der Vollständigkeit aufzuzählen sind nachfolgend alle in der Methodik implementierten Formate vom Datenaustausch in Bezug zur jeweiligen Informationsklasse gebracht:

- XML-File für die Datenstruktur (Geometriedaten Komponenten, Geometriedaten Werkzeuge, Geometriedaten System, Montagereihenfolge)

- Metadaten für Referenz-KOS (Geometriedaten Komponenten, Geometriedaten Werkzeuge, Geometriedaten System)

- Text-File für Ziel-KOS der generischen Verbindungsstelle (Geometriedaten Komponenten, Geometriedaten Werkzeuge, Geometriedaten System, Ausricht- / Haltekonzept)

- Tracks für Bewegungssimulationen (Statische Montagelagen, Dynamische Montageabläufe)

- Bewegungsmuster für Kinematiksimulationen (Statische Montagelagen, Dynamische Montageabläufe)

- DressUp für Bezug zwischen Kinematik und Geometrie (Geometriedaten Komponenten, Geometriedaten Werkzeuge, Geometriedaten System)

5.5 Auswirkungen der Methodik auf den Entwicklungsprozess

Mit Hilfe der dargestellten Methoden können Defizite im Ablauf der Produktentwicklung ausgeglichen werden. Hierfür werden die drei Bewertungskriterien aus Abschnitt 4.3 herangezogen und die Auswirkungen auf den Entwicklungsablauf beschrieben.

Technische Abhängigkeiten

Im Rahmen der produktionstechnischen Integration existieren technische Abhängigkeiten der einzelnen Informationsklassen untereinander. Mit Hilfe der Produktdatenstrukturierung in Bezug zur Montagereihenfolge werden die relevantesten Informationsklassen simultan bearbeitet. Das bedeutet, dass sowohl Entwickler als auch Produktionsplaner gleichzeitig im CAD-System die geometrischen Verhältnisse iterativ optimieren können. Die Informationsklassen der Geometriedaten, das Ausricht-/Haltekonzept und die Montagereihenfolge weißen die größte Anzahl direkter Kausalitätsschleifen auf. Da mit Hilfe der Methodik die geometrischen Auswirkungen einer Änderung direkt ersichtlich sind, können viele Änderungen mit negativen Gesamtauswirkungen vermieden werden.

Das hat zur Folge, dass insgesamt deutlich weniger Änderungen im Gesamtprozess durchgeführt werden müssen. Gleichzeitig findet ein sogenannter „Know-How"-Übertrag statt. Das bedeutet, dass Rollen der Produktentwicklung sich bereits frühzeitig mit Themen der Produktion auseinandersetzen und umgekehrt. Der daraus resultierende Erfahrungsgewinn einzelner Personen ist für Folgeprozesse oder parallel entwickelte Derivate von großer Bedeutung.

Informationsverfügbarkeit

Das Kriterium der Informationsverfügbarkeit stellt die Entwicklung vor das Problem, dass einige zentrale Informationen nicht zum notwendigen Zeitpunkt in der gewünschten Genauigkeit verfügbar sind. Aus diesem Grund muss der Umgang mit Unschärfe definiert werden. Bei dieser Problemstellung hilft besonders der modulare Aufbau der Methodik. Jede Rolle kann die für die produktionstechnische Integration notwendigen Informationen in dem Reifegrad liefern, wie sie gerade vorliegen. Das hat zur Folge, dass selbst in den frühen Phasen vollständige Simulationen durchgeführt werden können. Dies könnte beispielsweise eine Simulation der Hochzeit mit Werkstückträgern von Vorgängerfahrzeugen und sehr unreifen Komponenten sein. Der Vorteil ist, dass wenn genauere Informationen vorliegen, diese ohne großen Aufwand ausgetauscht werden können. Dabei muss die Simulation nicht neu aufgebaut werden. Lediglich die Durchführung und Ergebnisdokumentation muss aktualisiert und allen Beteiligten zugänglich gemacht werden. Diese Schritte sind nahezu vollständig automatisierbar.

Effizienz der Informationsbereitstellung

Im Umkehrschluss lassen sich mit Hilfe der Methodik auch die Effizienzen der Informationsbereitstellung verbessern. Da aufgrund der Analyse des Entwicklungsprozesses deutlich wird, zu welchem Zeitpunkt eine Information in hoher Reife vorliegen sollte, kann dies im Entwicklungsprozess verankert werden. Folglich werden die Informationen mit geringer Effizienz dann bereitgestellt, wenn sie gefordert werden. Vorher würden analog dem Umgang mit Unschärfe Informationen geringerer Reife bereitgestellt werden. Im Rahmen der Methodik ist dies mit Hilfe der Vielzahl an Datenaustauschformaten möglich. Da diese ein standardisiertes Format und einen vorgeschriebenen Ablageort im PDM-System aufweisen, ist auch hier der Grad der Automatisierbarkeit sehr hoch. Dabei wird jeder Austauschdatei ein Informationsübertrag zwischen Rollen im Entwicklungsprozess zugeordnet.

Zusammenfassend kann verdeutlicht werden, dass mit Hilfe der beschriebenen methodischen Elemente eine montagegerechte Produktgestaltung im Rahmen der Fahrwerkentwicklung möglich ist. Dies wird im folgenden Kapitel im Rahmen einer virtuellen Hochzeitssimulation an einem Demonstrator verdeutlicht.

6. Exemplarische Umsetzung am Beispiel des Aggregateeinbaus

6.1 Allgemeine Randbedingungen des Demonstrators

Produktseitige Abgrenzung des Demonstrators

Im Rahmen der prototypischen Umsetzung der entwickelten Methoden wird die produktionstechnische Integration einer Doppelquerlenker-Vorderachse dargestellt. Das betrachtete Referenzfahrzeug ist ein BMW X5 mit Verbrennungsmotor und Allradantrieb (Abbildung 6.1). Für den Fahrwerkumfang sind die Komponenten und Baugruppen des Vorderwagens aus den Modulen Achsen, Lenkung, Vertikaldynamik und Bremse herangezogen worden. Das Modul Räder/Reifen wird nicht betrachtet, da die Komponenten aufgrund der Montagereihenfolge noch nicht verbaut sind.

Abbildung 6.1: Referenzfahrzeug und zugehörige CAD-Modelle[1]

Des Weiteres sind für die vollständige Simulation der dynamischen Montageabläufe Komponenten der Karosserie und des Antriebs betrachtet worden. Der betrachtete

---

[1]   Abbildung links nach [9]

© Springer Fachmedien Wiesbaden GmbH, ein Teil von Springer Nature 2019
B. Leistner, *Fahrwerkentwicklung und produktionstechnische Integration ab der frühen Produktentstehungsphase*, Wissenschaftliche Reihe Fahrzeugsystemdesign,
https://doi.org/10.1007/978-3-658-26867-1_6

Umfang der Karosserie ist der Vorderbau. Dieser beinhaltet hauptsächlich den Motorlängsträger, die Federstütze und die Stirnwand. Kleine Halterungen und Stabilisierungsbleche aus diesem Bereich wurden ebenfalls betrachtet. Antriebsseitige Komponenten sind der Verbrennungsmotor mit Nebenaggregaten, Abgasanlage und Schallisolierungen sowie das Vorderachsgetriebe inklusive der Antriebswellen.

Abgrenzung hinsichtlich des Montageprozesses

Um mehrere Bereiche der Montage darzustellen, sind im Demonstrator die Achsvormontage und die Hochzeit dargestellt. Aus Gründen der Übersichtlichkeit werden weitere Montageabschnitte nicht in den Demonstrator integriert. In der Achsvormontage gibt es weitere untergeordnete Montageabschnitte. Für die Veranschaulichung des Aufbaus der Datenstruktur wird diese detailliert anhand der Schwenklagervormontage beschrieben. Diese besteht aus einer geringen Anzahl an Montageschritten und ist deshalb für die Demonstration gut geeignet. Die Hochzeit stellt in der Fahrwerkmontage einen der geometrisch kompliziertesten Abläufe dar. Aus diesem Grund wurde für die Demonstration von dynamischen Montageabläufen dieser Montageprozess gewählt. In der praktischen Anwendung hat sich gezeigt, dass die dargestellte Methodik für alle fahrwerkrelevanten Montageschritte anwendbar ist. Auch darüber hinaus ist bewiesen, dass die Anwendung in der Karosseriemontage möglich ist. Die Verbaufolge der karosserie- oder antriebsbezogenen Komponenten wird allerdings im Rahmen des Demonstrators nicht betrachtet.

Methodische Abgrenzung / Mengengerüst verwendeter Einzelmethoden

Die im Rahmen der Validierung angewendeten Methoden sind:

- Produktdatenstrukturierung

- Generische Montageschritte

- Erweitertes Modell der Achskinematik für die Simulation von Montagezuständen

- Simulationsmethode für Freigangsuntersuchungen während der Montage

Als Ergebnis wurden im Rahmen der Forschungsarbeit folgende Tools entwickelt und der praktischen Anwendung zugänglich gemacht:

- PTI-Shooter (Tool zum automatisierten Erzeugen, Pflegen und verwalten der Produktstrukturen)

- PTI-Navigator (Tool für die Darstellung der relevanten Informationen im Rahmen der produktionstechnischen Integration)

Zusätzlich wurde das folgende bereits bestehende Tool zur Ergebnisdarstellung und Auswertung verwendet:

- Gelenkwinkelanalyse (Im CAD-System integriertes Tool zur Untersuchung von Gelenkwinkeländerungen während kinematischer Simulationen)[2]

Verwendete Systeme und Datenbanken

Die Anwendung im praktischen Umfeld findet mit Hilfe des CAD-Systems Catia® V5 der Firma ©Dassault Systèmes statt. Das vollparametrische CAD-System bietet eine Vielzahl an Funktionen für die Gestaltung und Analyse geometrischer Zustände. Besonders für die Fahrwerkentwicklung ist das Arbeiten mit räumlichen Mechanismen von großer Bedeutung. Catia® V5 bietet des Weiteren eine Schnittstelle zur Programmiersprache VBA[3] und ermöglicht mit dieser, dass individuelle Lösungen durch Programme und Makros ins CAD-System integriert werden können.

Als Datenbanksystem für Geometriedaten wird das in der Praxis verwendete System PRISMA[4] genutzt. Dieses PDM-System administriert den Zugriff, die Identifikation und die Verwaltung der Geometriedaten sowie dazugehöriger Zusatzinformationen. In diesem können Beziehungen zwischen Bauteilen und Baugruppen erstellt und bearbeitet werden. Sie sind notwendig um Produktdaten zu strukturieren und somit verschiedene adressatengerechte Sichten auf die Daten zu erzeugen. Zwischen Catia® und PRISMA wurde die Schnittstelle CARISMA implementiert, um mit Hilfe von grafischen Oberflächen nutzerfreundlich die relevanten Komponenten und Teilsysteme im CAD-System zu laden. Auch das Speichern in das PDM-System ausgehend vom CAD-System wird über diese Schnittstelle erreicht.

6.2 Elementtypen und verfügbare Informationen im Datenmodell des Demonstrators

Datenstruktur im PDM-System

Im Demonstrator sind insgesamt 25 Montageschritte beispielhaft abgebildet. Dabei sind insgesamt zwölf Montageabschnitte definiert, um die Grobstruktur der automobilen Serienmontage darzustellen. Die im Demonstrator fokussierten Montageabschnitte sind die Vormontage Schwenklager und die Hochzeit (Abbildung 6.2). Im Datenmodell sind diese durch die Benennung im PDM-System zu unterscheiden. Diese Unterscheidung ist für die Anwendung im Tool notwendig und wird nachfolgend näher erläutert. Die Montageschritte sind insgesamt in 26 Ebenen verschachtelt. Die gesamte Struktur besteht

---

[2]   Ein Ergebnis des Forschungsprojektes nach Kokot [65]
[3]   VBA - Visual Basic for Applications
[4]   PRISMA - Produktdaten Informations System mit Archiv

mit allen Einzelelementen, wie beispielsweise DRESSLEVEL oder SIMULATION, aus insgesamt 256 PDM-Elementen.

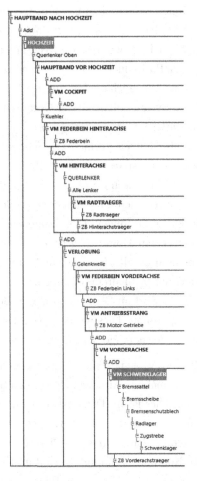

Abbildung 6.2: Gefilterte PDM-Struktur mit hervorgehobenen Montageabschnitten Vormontage Schwenklager und Hochzeit

In anderen praxisorientierten Anwendungen kamen bereits Datenmodelle mit über 250 Montageschritten zum Einsatz. Diese sind ebenfalls in zwölf Montageabschnitte eingeteilt. Dabei sind die Modelle auf über neunzig Ebenen gewachsen.

CAD-Modelle im Demonstrator

Die CAD-Modelle werden in der PDM-Struktur instanziiert. Das bedeutet, dass Änderungen am Referenzbauteil direkt auf alle Instanzen übertragen werden. Die Position der CAD-Modelle im System wird über die Verschiebematrix im strukturell übergeordneten PDM-Element gespeichert. Folglich sind die Konstruktion der Komponenten und die Positionierung im System prozessual voneinander getrennt. Das ist insofern von Bedeutung, da auch die Informationsklassen Geometriedaten Komponenten und Geometriedaten System aufgrund der Organisationsstruktur voneinander getrennt sind. Um die Anwendbarkeit der Methode in frühen und späten Phasen zu simulieren, ist in den Montageabschnitten Vormontage Schwenklager und Hochzeit die maximale Detaillierung, wie es in späten Phasen üblich ist, abgebildet. Für die übrigen Montageabschnitte ist eine geringere Detaillierung gewählt, um einerseits den Umfang des Demonstrators zu reduzieren und andererseits den üblichen Zustand in sehr frühen Phasen der Entwicklung abzubilden. Die Komponenten von Antrieb und Karosserie sind gesamthaft in jeweils einen Montageschritt zusammengefasst worden. Die Vormontage Antriebsstrang beinhaltet alle Komponenten des Antriebs. Der Montageabschnitt Hauptband vor Hochzeit beinhaltet die Komponenten der Karossiere, die bis zu Hochzeit verbaut werden. Dabei wird im Demonstrator kein Bezug zur Montagereihenfolge unter den Komponenten getroffen. Dies wurde bewusst gewählt, um die Möglichkeit einer eventuellen externen Vormontage bei Lieferanten zu simulieren.

Im Datenmodell sind verschiedene Werkzeugmodelle instanziiert. Dabei sind die Werkzeugmodelle für mehrere Montageschritte den Strukturelementen der Montageabschnitte zugeordnet. Dies ist im Demonstrator für alle relevanten Montageabschnitte des Vorderwagens umgesetzt. Die Werkzeuge für einzelne Montageschritte sind nur in der Vormontage Schwenklager und Hochzeit eingefügt. Werkzeuge für nicht fahrwerkrelevante Komponentenumfänge sind im Demonstrator nicht betrachtet. Der vollständige Umfang der CAD-Modelle im Demonstrator ist in Abbildung 6.3 dargestellt. Der abgebildete Zustand ist ohne Toolunterstützung. Folglich ist noch nicht erkenntlich, welches Werkzeugmodell zu welchem Montageschritt gehört oder welche Bauteile bereits verbaut sind. Das montageschrittabhängige Bauraumumfeld wird erst mit Hilfe der Applikation dargestellt und im nachfolgenden Abschnitt detailliert vorgestellt.

Abbildung 6.3: Vollständige Übersicht der CAD-Modelle im Demonstrator ohne montageschrittspezifisches Bauraumumfeld

Das für die Hochzeitssimulation notwendige Kinematik-Modell der Doppelquerlenker-Vorderachse ist mehrmals im Demonstrator instanziiert. Zum einen ist das Modell übergeordnet in der Datenstruktur, zum anderen direkt im Montageabschnitt Hochzeit eingefügt. Dadurch ist es möglich nur einen kleinen Abschnitt des Datenmodells im CAD-System zu laden und dennoch die maximale Funktionalität nutzen zu können.

Zusatzinformationen für Montagesimulationen

Der Bezug zwischen dem Kinematik-Modell und den CAD-Komponenten wird mit Hilfe des DressUp-Files hergestellt. In diesem ist die Verbindung zwischen den kinematischen Gliedern des Mechanismus und den CAD-Modellen definiert. Ein Auszug des DressUp-Files ist in Abbildung 6.4 dargestellt. Es wird vom Systemgestalter bereitgestellt, da dieser die Kinematik verantwortet.

```
<Dressup>
  <Information>
    <!--Infos zu Dressup u. Mechanism-->
    <DressupInfo>
      <Name>Dressup.1</Name>
    </DressupInfo>
    <Mechanism>
      <MechName>Mechanism.1</MechName>
      <PartNo>A020775</PartNo>
      <Name>PTI KIN DQ4 TEST</Name>
      <Index>A</Index>
      <Part>1</Part>
      <Alt>A</Alt>
      <Type>ADAPTE</Type>
      <Format>SB</Format>
      <InsNb />
    </Mechanism>
  </Information>
  <Kins>
    <Kin>
      <PartNo>A020775</PartNo>
      <Name>PTI KIN DQ4 TEST</Name>
      <Index>A</Index>
      <Part>1</Part>
      <Alt>A</Alt>
      <Type>ADAPTE</Type>
      <Format>5P</Format>
      <InsNb>1</InsNb>
      <Definition>WF LI ZUGDRUCKSTREBE</Definition>
      <Connecteds>
        <Connected>
          <PartNo>6893549</PartNo>
          <Name>ZB LI ZUGSTREBE G05 HYDRAULISCH</Name>
          <Index>A</Index>
          <Part>2</Part>
          <Alt>A</Alt>
          <Type>FLEXBT</Type>
          <Format>5P</Format>
```

Abbildung 6.4: Auszug aus dem DressUp-File

Im sogenannten Bewegungsmuster wird der Ablauf der kinematischen Bewegung der Sonderkinematik gespeichert. In dieser Datei wird für verschiedene Schritte die Kombination der Werte aller steuerbaren Gelenke gespeichert (Abbildung 6.5). Dieses Text-File kann direkt ins CAD-System eingelesen werden und für die Simulation der Kinematik genutzt werden. Zwischen den einzelnen Schritten wird linear interpoliert. Die Bewegungen der Kinematik werden auf die CAD-Modelle übertragen. Das Bewegungsmuster wird vom Montageplaner bereitgestellt, da dieser den Prozessablauf verantwortet.

```
*COLUMNS = *TIME,VAT absenken.1,Motor Z.1,Li Federn (Daempfer).1,Re Federn (Daempfer).1,Li Stuetzlager X.1,Re Stuetzlager X.1
INTERPOLATION=linear, linear, linear, linear, linear, linear, linear, linear, linear, linear, linear, linear, linear, linear
*UNIT=mm, mm, mm, mm, mm, mm, mm, mm, mm, mm, mm, mm, mm, mm
*YSCALE=1, 1, 1, 1, 1, 1, 1, 1, 1, 1, 1, 1, 1, 1
0 0 0 0 0 0 0 0 0 0 0 0 0 0 0 0
1 400 -400  -70 -70 10  10  -90 -90 -370 -370 5 5 -195 195 -430 -430
2 200 -200  -70 -70 5 5 -95 -95 -170 -170 5 5 -170 170 -230 -230
3 200 -200  -70 -70 5 5 -40 -40 -170 -170 5 5 -165 165 -230 -230
4 100 -100  -70 -70 0 0 -20 -20 -70 -70 5 5 -155 155 -130 -130
5 0 0  -70 -70 0 0 0 0 0 0 -130 130 -100 -100
6 0 0 0 0 0 0 0 0 0 0 0 0 0 0
```

Abbildung 6.5: Auszug aus dem Bewegungsmuster

Mit Hilfe des DressUp-Files und dem Bewegungsmuster ist eine reproduzierbare Simulation des Hochzeitsprozesses möglich. Beide Zusatzinformationen werden direkt im Strukturelement Hochzeit des Datenmodells abgelegt und sind somit für alle beteiligten Rollen zugänglich. Durch die zentrale Ablage ist eine schnelle Iteration bei eventuellen Änderungen an Geometrie oder Simulationsauflauf möglich.

Für Simulationen ohne Kinematik werden die Tracks als Zusatzinformationen benötigt. Am Beispiel des Demonstrator sind je ein Track für Werkzeug und Komponente für die Montage der Zugstrebe am Schwenklager definiert (Abbildung 6.6). Dabei kann das Fügen der Komponenten und das Zustellen des Werkzeuges simuliert und gleichzeitig hinsichtlich geometrischer Freigängigkeit untersucht werden. Die Tracks werden im PDM-Element SIMULATION des Montageschrittes „Montage Zugstrebe" im PDM abgelegt. Die Bewegungskurve für die Komponente wird vom Komponentenentwickler und die für das Werkzeug vom Montageplaner bereitgestellt.

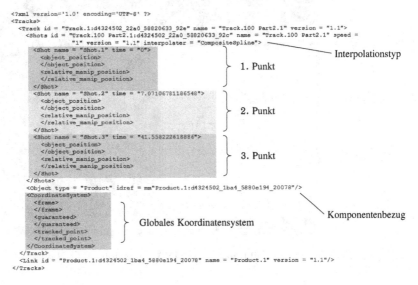

Abbildung 6.6: Auszug aus dem Track-File

6.3 Funktionen und Anwendungsfälle

Darstellung der Montagereihenfolge in Bezug zum Datenmodell

Für die Darstellung der Montagereihenfolge wird die im Rahmen des Forschungsprojektes entwickelte Applikation „PTI-Navigator" verwendet. Der Anwendungsprozess sieht vor, dass die im PDM-System gespeicherte Datenstruktur über die bereits erläuterte Schnittstelle ins CAD-System geladen wird. Im Anschluss wird das Tool gestartet und mit dem CAD-System und dem PDM-System verknüpft. Anschließend werden sämtliche verfügbaren Informationen in das Tool geladen. Die gesamte Struktur wird benutzerfreundlich gefiltert und auf der linken Seite der Anwendung in Form der Montagereihenfolge dargestellt (Abbildung 6.7). Um das Bauraumumfeld für einen spezifischen Montageschritt im CAD-System anzeigen zu lassen, werden mit Hilfe der Applikation und dem in Kapitel 5 beschriebenen Regelset alle nicht relevanten CAD-Modelle ausgeblendet. Folglich werden nach der beschriebenen Einblendlogik nur die Komponenten in KO-Lage angezeigt, die bis zu diesem Montageschritt bereits verbaut sind. Als Werkstückträger wird das Modell eingeblendet, was im darüber liegenden Montageabschnitt gespeichert ist. Das für den spezifischen Schritt relevante Werkzeug direkt im Montageschritt.

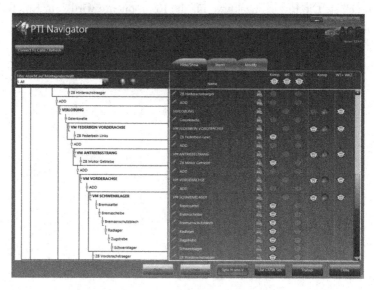

Abbildung 6.7: CAD-Applikation „PTI-Navigator"

Die Benennung des Montageschrittes erfolgt über die Bezeichnung der generischen Montageschritte und der dazugehörigen ID. Folglich wird im PDM-System nur die Montageschritt-ID gespeichert. Die Übersetzung in die Montageschrittbezeichnung erfolgt im Tool. Hierfür wird im Hintergrund auf eine umfangreiche Liste von generischen Montageschritten und einen generischen Bauteilkatalog zugegriffen.

Um die Montagereihenfolge im Laufe der Entwicklung anzupassen, gibt es in der Applikation die Möglichkeit die Struktur der Montageschritte zu modifizieren. Hier kann der Anwender per „Drag & Drop" intuitiv Montageschritte verschieben, tauschen oder löschen. Die dazugehörigen Funktionen im Datenmodell wurden bereits in Abschnitt 5.2.4 detailliert beschrieben. In Abbildung 6.8 ist das Verschieben eines Montageschrittes mit dazugehöriger Programmoberfläche dargestellt.

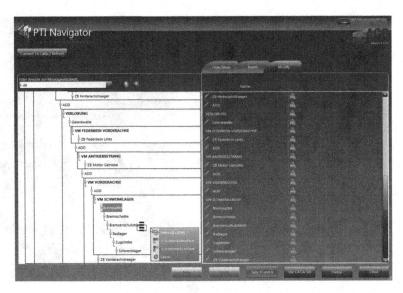

Abbildung 6.8: CAD-Applikation „PTI-Navigator"

Der Prozess des Hinzufügens von Komponenten oder Werkzeuge kann ebenfalls mit Hilfe der Applikation benutzerfreundlich durchgeführt werden. Dabei soll das gewünschte CAD-Modell aus dem PDM-System im CAD-System geöffnet werden. Anschließend kann das relevante Modell im CAD-System ausgewählt und über die Applikation mit dem Montageschritt verknüpft werden. Die Unterscheidung, ob es sich um eine Komponente, ein Werkzeug oder einen Werkstückträger handelt, wird dabei manuell durch den Anwender getroffen. Der Klick auf das jeweilige Symbol im Tool (Abbildung 6.9) verknüpft im Hintergrund das jeweilige CAD-Modell mit dem dazugehörigen Element der Datenstruktur. Dabei wird die Verschiebematrix des Modells in das Datenmodell übernommen, was dafür sorgt, dass die Positionierung im System bereits korrekt ist.

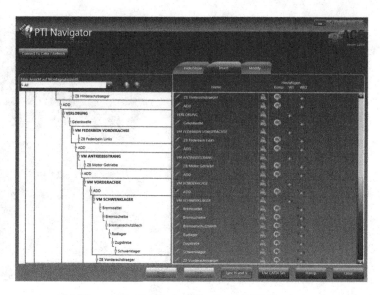

Abbildung 6.9: CAD-Applikation „PTI-Navigator"

Geometrische Untersuchungen für den Aggregateeinbau

Für die Simulation eines Montageschrittes oder Vorganges muss zunächst das montageschrittrelevante Bauraumumfeld dargestellt werden. Anschließend kann mit Hilfe der Simulationsmöglichkeiten im CAD-System die geometrische Untersuchung durchgeführt werden. Dabei gibt es zwei Möglichkeiten, die Untersuchung mit einem kinematischen Mechanismus und die Bewegungskurven für Komponenten oder Werkzeuge.

Abbildung 6.10: Ausgangszustand der Achse (KO-Lage) der Hochzeitssimulation

In Abbildung 6.10 ist der Ausgangszustand der Hochzeitsimulation dargestellt. Dabei wurden für eine standardisierte Untersuchung sieben Positionen definiert, die während der Hochzeit kritische Bauraumzustände hervorrufen können. Die erste Position ist die Stellung der Achse auf dem Werkstückträger. Dabei werden die Schwenklager und Federbeine nach außen geklappt, um beim Aufsetzen der Karosserie auf die Achse und Antriebseinheit keine Kollisionen hervorzurufen. Hierbei hängt die Karosserie circa 200mm über der Achse (Abbildung 6.11). Im Simulationsmodell wird das durch ein Absenken des Vorderachsträgers und dem Verschieben der Gelenkpunkte Schwenklager an Querlenker Oben und Stützlager an Karosserie nach unten dargestellt.

Abbildung 6.11: Stellung der Achse auf dem Montageträger

Das Ausklappen von Schwenklager und Federbein wird mit Hilfe der zusätzlichen virtuellen Gelenke in der Kinematik durchgeführt. Dabei können die direkten Auswirkungen auf die Gelenkwinkeländerungen der Kugelgelenke untersucht werden. Die zur Stellung der Achse auf dem Werkstückträger passenden Gelenkwinkel, von unterem Querlenker und Zugstrebe am Schwenklager, sind in Abbildung 6.12 dargestellt. Wie deutlich zu erkennen ist, besteht keine Gefahr einer Vorschädigung der Gelenke als Folge einer Überschreitung der maximal zulässigen Gelenkwinkel. Die auf dem Werkstückträger eingestellte Montagelage der Achse ist über den gesamten Prozess des Aggregateeinbaus hinweg unkritisch.

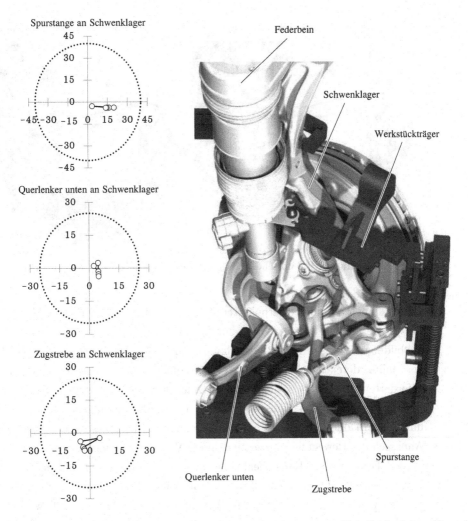

Abbildung 6.12: Gelenkwinkeländerung von radträgerseitigen Kugelgelenken während der Montage

Im Laufe der Simulation werden weitere durch das Bewegungsmuster definierte Positionen dagestellt. Diese sind beispielsweise das Überprüfen des Abstandes zwischen Federbein und Motorlängsträger der Karosserie oder das Eintauchen des Federbeines durch den bereits an der Karosserie montierten oberen Querlenker (Abbildung 6.13).

171

Engstelle zwischen Federbein und Querlenker   Engstelle zwischen Federbein und Karosserie

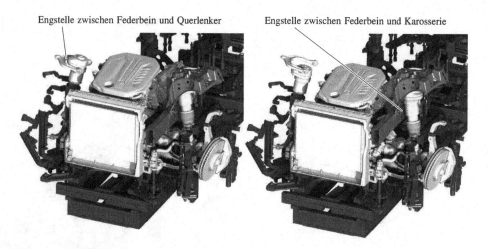

Abbildung 6.13: Typische Engstellen des Federbeins während der Hochzeit

Dabei können auf allen interpolierten Zwischenpositionen der Fahrwerkkomponenten die Abstände in Abhängigkeit zur simulierten Stellung aufgezeichnet werden (Abbildung 6.14). Eventuelle Überschnitte und Kollisionen lassen sich durch Abstände von 0mm detektieren. Im Falle einer Kollision oder dem Unterschreiten von geforderten Mindestabständen kann im Nachgang die geometrische Situation durch Bewegungsmuster und Kinematik erneut im CAD-System hergestellt werden und direkt währenddessen Anpassungen durchgeführt werden. Diese sind beispielsweise das Anpassen des Bewegungsmusters indem die Werte der steuerbaren Gelenke geändert werden. Ferner können Komponenten an den jeweiligen Engstellen umkonstruiert werden. Folglich wird das Optimum aus Prozessplanung und Produktgestaltung hergestellt. Am dargestellten Beispiel ist zu erkennen, dass ab der fünften Position im Bewegungsmuster der Abstand zwischen Federbein und Karosserie Null ist. Die Ursache ist, dass im fünften Schritt das Fügen des Federbeines in der Federstütze simuliert wird. Folglich ist die Konstruktionslage des Federbeines wiederhergestellt. Zwischen Schritt fünf und sechs wird das Fügen des Schwenklagers zum oberen Querlenker simuliert. Dabei entsteht keine Relativbewegung zwischen dem Federbein und den betrachteten Komponenten, weshalb sich auch die Abstände nicht ändern. Diese Bewegung dient dazu, die Antriebswelle durch eine Positionsänderung des Schwenklagers wieder in ihre Konstruktionslage zu bringen.

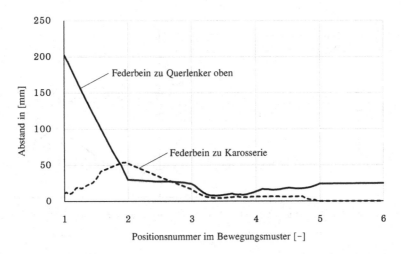

Abbildung 6.14: Verlauf der Abstände zwischen Federbein und Karosserie bzw. Querlenker oben während der Montage

Die Anwendbarkeit der Methode in späten Phasen wurde anhand einer realen Untersuchung im Fahrzeugwerk durchgeführt. Dabei wurde die Stellung der Achse auf dem Werkstückträger soweit angepasst, dass das Schwenklager maximal weit nach außen geklappt wird, ohne dass das Antriebswellengelenk bei gegebenem Winkel den maximalen Verschiebeweg überschreitet. Da in der Serienentwicklungsphase eine Anpassung der Komponentengeometrie nicht mehr möglich war, musste die Optimierung auf Seiten der Produktionsplanung und Fertigungsmittelkonstruktion umgesetzt werden. Die Ergebnisse der Messungen an der Montageanlage und der Stellung der Achse sind in Abbildung 6.15 dargestellt. Wie deutlich zu erkennen ist, erfolgt zwischen Position fünf und sechs die größte Änderung in der getriebeseitigen Antriebswellenstellung, da hier die Konstruktionslage des Schwenklagers eingestellt wird. Schritt vier ist am kritischsten, da diese Kombination dem geometrischen Zustand des Auseinanderziehens der Antriebswelle am nächsten kommt.

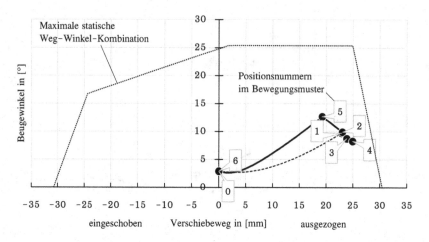

Abbildung 6.15: Verlauf der getriebeseitigen Antriebswellenbewegung während des Aggregateeinbaus

Als zweite Möglichkeit wurde die Simulation von Bewegungskurven mit Hilfe von Tracks abgebildet. Diese sind im Rahmen der Schwenklagervormontage bei der Zugstrebe abgebildet (Abbildung 6.16). Auch während dieser Simulation ist es möglich die Abstände über dem Verlauf der Bewegungskurve aufzuzeichnen und den geometrischen Zustand wiederherzustellen. In diesem Fall ist das Herstellen der Montagelage der Zugstrebe lediglich eine Verdrehung im Kugelgelenk. Der dazugehörige Track besteht aus zwei Punkten. Der Interpolationstyp ist irrelevant, da die Ursprungskoordinaten zwischen beiden Positionen im Gelenkpunkt gleich bleiben. Die Verdrehung wird mittels EULER'scher Drehwinkel im Trackfile gespeichert.

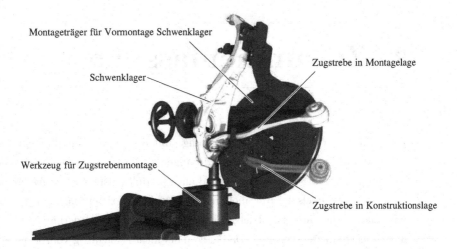

Montageträger für Vormontage Schwenklager

Zugstrebe in Montagelage

Schwenklager

Werkzeug für Zugstrebenmontage

Zugstrebe in Konstruktionslage

Abbildung 6.16: Anwendung von Tracks für die Montagelage der Zugstrebe

Auch bei dieser Simulationsmethode kann direkt während der Überprüfung bei eventuellen Engstellen Produkt oder Produktionsmittel angepasst werden. Der Aufwand eines erneuten Simulationsaufbaus nach Änderungen existiert aufgrund der hohen Automatisierungsmöglichkeit nicht. Hierfür ist der modulare Aufbau der Methodik zwangsläufig ebenfalls vorteilhaft.

7. Zusammenfassung

Im Rahmen der Fahrwerkentwicklung moderner Straßenfahrzeuge muss eine Vielzahl von konkurrierenden Anforderungen erfüllt werden. Die hierfür notwendige Kompromissfindung betrifft zunehmend auch produktionstechnische Anforderungen. Im Kontext des Wandels der Automobilindustrie etablieren sich neuartige Fahrzeugkonzepte mit Innovationen in der Antriebstechnologie. Diese haben wiederum Auswirkungen auf das Package im Achsverbund. Da der Wandel nicht schlagartig vollzogen wird, müssen weiterhin konventionelle Fahrzeugkonzepte entwickelt und produziert werden. Häufig müssen beide Fahrzeugkonzepte mit den gleichen Montage- und Produktionsanlagen gefertigt werden, da die umfangreichen Investitionen in den Produktionsstandorten über mehrere Jahrzehnte bestehen.

Während der Produktentwicklung von Fahrzeugen besteht in der frühen Phasen das größtmögliche Potential der Beeinflussung der Konzeptkosten. Im gleichen Zuge ist in dieser Phase der Grad der Kostenentstehung sehr gering. Um dieses Potential vollumfänglich zu nutzen, sollten möglichst viele Iterationen zur Untersuchung der Montagefähigkeit der Fahrwerke durchgeführt werden. Diese Iterationen müssen virtuell und mit einem hohen Automatisierungsgrad durchgeführt werden, da nur so innerhalb kürzester Zeit verschiedene Fahrwerkkonzepte untersucht und bewertet werden können.

Für eine Aussage bezüglich der Montagefähigkeit von Fahrwerkkonzepten im Rahmen der industriellen Serienproduktion ist eine Vielzahl von virtuellen Simulationen notwendig. Jede Simulation benötigt verschiedene Eingangsgrößen, wie beispielsweise Geometriedaten oder Verbindungsinformationen. Für die Bereitstellung dieser Informationen sind verschiedene Rollen innerhalb des Entwicklungsprozesses aus den Bereichen der Produktentwicklung und der Produktionsplanung verantwortlich. Es ist jedoch nicht möglich diese vielen Einzelinformationen vergleichbar und sinnvoll in Beziehung zu setzen, da diese unterschiedliche Detaillierungsgrade aufweisen. Um diese Bereitstellung zu strukturieren und zu generalisieren, wurden sogenannte Informationsklassen für produktionstechnische Belange definiert. Diese 14 Informationsklassen wurden sowohl nach technischen, als auch nach organisatorischen Randbedingungen bestimmt. Sie beinhalten ein definiertes Set von Einzelinformationen, welche für virtuelle Montagesimulationen notwendig sind.

© Springer Fachmedien Wiesbaden GmbH, ein Teil von Springer Nature 2019
B. Leistner, *Fahrwerkentwicklung und produktionstechnische Integration ab der frühen Produktentstehungsphase*, Wissenschaftliche Reihe Fahrzeugsystemdesign, https://doi.org/10.1007/978-3-658-26867-1_7

Vollständige Übersicht aller Informationsklassen:

- Geometriedaten Komponenten

- Geometriedaten Werkzeuge

- Geometriedaten System

- Montagereihenfolge

- Ausricht- und Haltekonzept

- Schraubfalldaten

- statische Montagelagen

- dynamische Montageabläufe

- Toleranzen aus Komponente

- Toleranzen aus System

- Kräfte aus Komponente

- Kräfte aus Werkzeug

- Kräfte aus System

- Varianten

Des Weiteren ist es möglich mit Hilfe der technischen Abhängigkeiten und der organisatorischen Verantwortlichkeiten sogenannte Informationsüberträge zwischen den Rollen generisch abzubilden. Dabei kann abgeleitet werden, welche Rolle allein aufgrund der technischen Abhängigkeiten wie oft Informationen bereitstellen muss. Mit diesem Ansatz ist es möglich alle beteiligten Rollen im Entwicklungsprozess hinsichtlich ihrer Prozesseigenschaften einzuordnen. Beispielsweise kann dem Projektplaner, aufgrund seiner steuernden Funktion, die Eigenschaft „aktiv" zugewiesen werden. Der Montageplaner hat wiederum reaktive Eigenschaften, da viele seiner zu liefernden Informationen von Informationen anderer Rollen abhängig sind.

Da besonders in frühen Phasen Informationen häufig nur ungenau vorliegen oder diese als volatil betrachtet werden müssen, werden die Informationsklassen auch in zeitlichen Bezug gesetzt. Hierfür ist ein Reifegradmodell für frühe Phasen der Produktentwicklung definiert. Auf Grundlage dessen ist in einer empirischen Datenerhebung der Zeitpunkt der frühest möglichen Informationsbereitstellung ermittelt. Infolgedessen können Defizite im Entwicklungsprozess in Bezug auf die Zeitpunkte zwischen Informationsforderung und -lieferung aufgezeigt werden. Als Beispiel dient die Klasse der Geometriedaten Werkzeuge. Diese Informationen werden von entwicklungsseitigen Rollen deutlich früher gefordert, als sie von Rollen der Produktionsplanung geliefert werden können. Ein positives Beispiel ist die Informationsklasse der dynamischen Montageabläufe. Hier liegen die Informationen im Mittel vor, bevor diese gefordert werden. Nachteilig ist jedoch, dass wenn eine Information vor der Forderung geliefert wird, diese unter Umständen zum Zeitpunkt der Forderung schon nicht mehr aktuell sein kann. Folglich müssen auch die Wahrscheinlichkeitsverteilungen der Informationsbereitstellungen hinsichtlich der Bereitstellungseffizienz betrachtet werden. Der Ansatz beschreibt, dass die Effizienz am größten ist, wenn die Zeitpunkte von Forderung und Lieferung sehr nah beieinander liegen und einer geringen Streuung unterliegen.

Nach Analyse der technischen Abhängigkeiten, der Informationsverfügbarkeiten und der Bereitstellungseffizienzen wird deutlich, dass der Fokus von produktionstechnischen Untersuchungen im Fahrwerk auf Informationen der Geometriedaten Komponente, Geometriedaten Werkzeug, Geometriedaten System, Montagereihenfolge und Ausricht-/Haltekonzept zurückzuführen ist. Diese weisen prozessuale Schwierigkeiten während der montagegerechten Produktentstehung in der frühen Phase auf. Um diese Schwierigkeiten zu beherrschen sind mehrere methodische Elemente im Rahmen einer virtuellen Methodik entwickelt. Da der Fokus auf geometrienahen Informationen liegt, ist der Ansatz direkt in CAD-System implementiert.

Übersicht aller entwickelten methodischen Elemente innerhalb der Methodik:

- Produktdatenstrukturierung mit Bezug zur Montagereihenfolge

- Generische Montageschritte mit Montageschritt-ID

- Erweitertes Modell der Achskinematik für die Simulation von Montagezuständen

- Erweitertes Modell der Achskinematik für die Absicherung konzeptrelevanter Verbindungsstellen

- Automatisierte Positionierung von Verbindungselementen und Werkzeugen

- Simulationsmethode für Freigangsuntersuchungen während Füge- und Zustellbewegungen

- Diverse Schnittstellen und Austauschformate zu angrenzenden Prozessen

Um die interdisziplinäre Arbeitsweise sicherzustellen, müssen alle Informationen und Daten zentral verfügbar vorliegen. Aus diesem Grund ist ein Ansatz in Kombination aus Konstruktionsumgebung und der Produktdatenstrukturierung im PDM-System erarbeitet worden. In diesem sind alle Geometriedaten abgelegt und werden mit Hilfe von Strukturelementen in Zusammenhang gebracht.

Für produktionstechnische Untersuchungen ist das Bauraumumfeld vom betrachteten Montageschritt abhängig. Das bedeutet, dass für eine Fügeuntersuchung nur die Bauteile relevant sind, die bis zu dem betrachteten Schritt auch bereits verbaut sind. Durch eine neuartige PDM-Struktur ist es möglich, die CAD-Komponenten in Bezug zur Montagereihenfolge zu setzen.

Um sowohl statische Montagelagen, als auch dynamische Montageabläufe abbilden zu können, ist das methodische Element der konzeptrelevanten Verbindungsstellen definiert. Als konzeptrelevante Verbindungsstelle bezeichnet man die Verbindungen zwischen Komponenten einer Achse, welche zum Erzeugen eines kinematischen Mechanismus zwingend notwendig sind. Dafür sind direkt im CAD-System Mechanismen beschrieben, welche ein rechnergestütztes Positionieren von Verbindungselementen und Werkzeugen ermöglichen. Die geometrische Zuordnung erfolgt über ein vordefiniertes Kinematikmodell der Achse. Durch die Erweiterung des Modells können nun auch Montagezustände abgebildet werden. Dies ist im Fahrwerk umso komplexer, da während der Montage aufgrund noch nicht montierter Bauteile kein, durch das Gesamtfahrzeug definierter, kinematischer Mechanismus vorliegt.

Da für den Aufbau dieser Untersuchungen viele verschiedene Rollen in einem interdisziplinären Entwicklungsprozess zusammenarbeiten, sind alle methodischen Elemente über Schnittstellen miteinander verknüpft. Diese Schnittstellen sind so definiert, dass die Rollen unterstützt werden, welche auch in der Prozessanalyse die meisten Informationsüberträge aufweisen.

Infolgedessen kann die Effizienz im Entwicklungsprozess für die Untersuchung und Sicherstellung der montagegerechten Produktgestaltung im Fahrwerk deutlich erhöht werden. Es ist möglich die physikalisch und technisch bestehenden Kausalketten zwischen Informationen und Anforderungen nachvollziehbar aufzuzeigen. Durch die Analyse der Informationsverfügbarkeit wird deutlich, welche Informationen zu welchem Zeitpunkt sinnvoll vorliegen. Für nicht vorliegende Informationen ist der Umgang mit Unschärfe beschrieben. Mit Hilfe der entwickelten Methodik können nun später bereitgestellte Informationen ohne großen Aufwand nachträglich aktualisiert werden. Die Auswirkungen auf das Fahrwerk können mit Hilfe der entwickelten Werkzeuge anschaulich dargestellt werden. Als Beispiel wird die geometrische Simulation des Hochzeitsprozesses herangezogen. Dieser ist im Rahmen der automobilen Serienfertigung ein zentraler Prozess im Aggregateeinbau. Mit den entwickelten Methoden können die geometrischen und funktionalen Auswirkungen von produktionstechnischen Anforderungen untersucht und hergestellt werden. Infolge der im Rahmen dieser Arbeit erbrachten Entwicklung, erhöht sich die Effizienz im Entwicklungsprozess für die Gestaltung montagegerechter Fahrwerke.

8. Ausblick

Der eingangs erläuterte Wandel der Automobilindustrie wird sich in den kommenden Jahren bestätigen. Welches der vielen Szenarien der Realität entspricht, ist jedoch weiterhin offen. Dennoch sind die Trends hinsichtlich zunehmender Digitalisierung in allen Bereichen erkennbar. So wird auch dieser Trend zunehmend Einzug in die automobile Serienfertigung halten.

Dies ermöglicht deutlich komplexere und flexiblere Produktionssysteme. Selbige können durch eine vollständige Vernetzung so ausgelegt werden, dass für jedes Fahrzeug individualisierte Produktionsprozesse dargestellt werden können. Dies ist möglich, wenn beispielsweise personalisierte Komponenten mit Hilfe eines additiven Fertigungsverfahren direkt am Fahrzeug hergestellt werden. Wird dieses Konzept um sogenannte Montageinseln erweitert, kann für jedes Fahrzeug eine individuelle Montagereihenfolge entstehen.

Um diese höchst komplexen Prozesse zu beherrschen, muss die Produktentwicklung noch weiter angepasst werden. Für jedes individuelle Fahrzeug muss bereits frühzeitig eine Muster-Montagereihenfolge definiert werden. Gleichzeitig sollte diese um mögliche Abweichungen erweitert werden. Das hat zur Folge, dass ein Fahrzeug während der Montage zu einer freien Montageinsel gebracht werden könnte. Somit können durch das Produktkonzept verursachte Auslastungsdifferenzen der Montageinseln ausgeglichen werden.

Um dieses Szenario umzusetzen, muss die entwickelte Methode hinsichtlich der produktseitigen Flexibilität erweitert werden. Es sollte eine Kenngröße definiert werden, die beschreibt, in welchem Rahmen das aktuelle Fahrzeugkonzept die vorgegebene Musterreihenfolge verlassen kann. Da dies nicht nur geometrischen, sondern auch funktionalen und logistischen Anforderungen unterliegt, stellt dies eine hohe Herausforderung für zukünftige Forschungsprojekte dar.

© Springer Fachmedien Wiesbaden GmbH, ein Teil von Springer Nature 2019
B. Leistner, *Fahrwerkentwicklung und produktionstechnische Integration ab der frühen Produktentstehungsphase*, Wissenschaftliche Reihe Fahrzeugsystemdesign,
https://doi.org/10.1007/978-3-658-26867-1_8

9. Anhang

Verzeichnis der Anlagen

Anlage 1 - Gesamtansicht

Anlage 2 - DMM_{RKM} mit der Zuordnung der Rollen zu den Modulen der Praxis, den Komponenten und der modularen Struktur nach Heißing u. a. [49]

© Springer Fachmedien Wiesbaden GmbH, ein Teil von Springer Nature 2019
B. Leistner, *Fahrwerkentwicklung und produktionstechnische Integration ab der frühen Produktentstehungsphase*, Wissenschaftliche Reihe Fahrzeugsystemdesign,
https://doi.org/10.1007/978-3-658-26867-1_9

Anlage 1

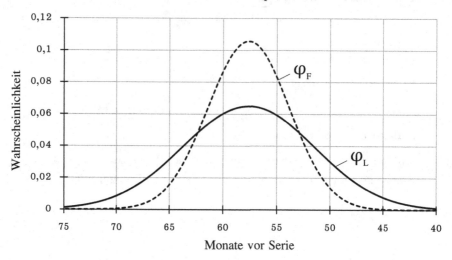

Geometriedaten Komponente

Erwartungswert $\qquad$ $\mu_L = 57,6$

$\mu_F = 57,6$

Standardabweichung $\qquad$ $\sigma_L = 6,15$

$\sigma_F = 3,77$

$$\varphi_{L/F}(z) = \frac{1}{\sqrt{2\pi}\sigma_{L/F}}\, e^{-\frac{1}{2}(\frac{x-\mu_{L/F}}{\sigma_{L/F}})^2}$$

Schnittpunkt z1 bei $\qquad$ $z = 52,9$

Schnittpunkt z2 bei $\qquad$ $z = 62,4$

$S = 0,213$

$R = 0,444$

L entspricht Lieferung

$E_B = 48,0\%$ $\qquad$ F entspricht Forderung

182

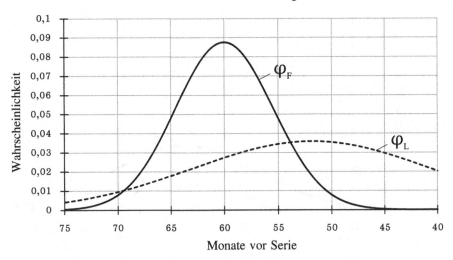

Geometriedaten Werkzeug

Erwartungswert	$\mu_L = 51,8$
	$\mu_F = 60,0$
Standardabweichung	$\sigma_L = 11,12$
	$\sigma_F = 4,55$

$$\varphi_{L/F}(z) = \frac{1}{\sqrt{2\pi}\sigma_{L/F}}\, e^{-\frac{1}{2}(\frac{x-\mu_{L/F}}{\sigma_{L/F}})^2}$$

| Schnittpunkt z1 bei | $z = 53,9$ |
| Schnittpunkt z2 bei | $z = 69,4$ |

$S = 0,107$

$R = 0,628$

$E_B = 17,1\%$

L entspricht Lieferung
F entspricht Forderung

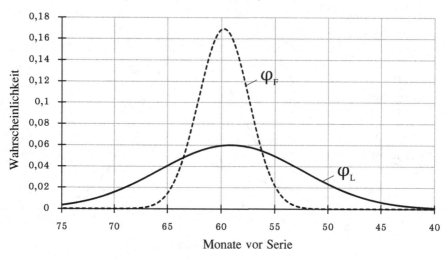

Geometriedaten System

Erwartungswert	$\mu_L = 59,1$
	$\mu_F = 59,8$
Standardabweichung	$\sigma_L = 6,64$
	$\sigma_F = 2,36$

$$\varphi_{L/F}(z) = \frac{1}{\sqrt{2\pi}\sigma_{L/F}}\, e^{-\frac{1}{2}(\frac{x-\mu_{L/F}}{\sigma_{L/F}})^2}$$

| Schnittpunkt z1 bei | $z = 56,2$ |
| Schnittpunkt z2 bei | $z = 63,5$ |

$$S = 0,122$$
$$R = 0,585$$

L entspricht Lieferung
F entspricht Forderung

$$E_B = 20,8\%$$

Montagereihenfolge

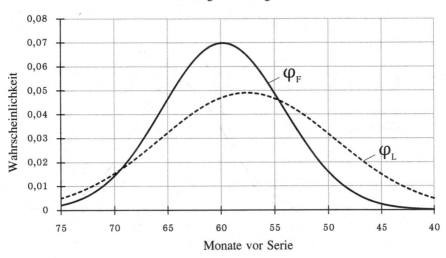

Erwartungswert	$\mu_L = 57,6$
	$\mu_F = 59,8$
Standardabweichung	$\sigma_L = 8,14$
	$\sigma_F = 5,71$

$$\varphi_{L/F}(z) = \frac{1}{\sqrt{2\pi}\sigma_{L/F}}\, e^{-\frac{1}{2}\left(\frac{x-\mu_{L/F}}{\sigma_{L/F}}\right)^2}$$

| Schnittpunkt z1 bei | $z = 54,6$ |
| Schnittpunkt z2 bei | $z = 69,4$ |

$$S = 0,224$$
$$R = 0,428$$

L entspricht Lieferung
F entspricht Forderung

$$E_B = 52,4\%$$

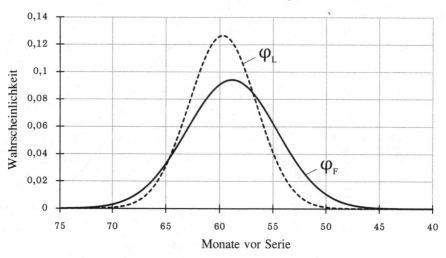

Ausricht- und Haltekonzept

Erwartungswert	$\mu_L = 59,7$
	$\mu_F = 58,9$
Standardabweichung	$\sigma_L = 3,15$
	$\sigma_F = 4,23$

$$\varphi_{L/F}(z) = \frac{1}{\sqrt{2\pi}\sigma_{L/F}} e^{-\frac{1}{2}(\frac{x-\mu_{L/F}}{\sigma_{L/F}})^2}$$

Schnittpunkt z1 bei	$z = 56,9$
Schnittpunkt z2 bei	$z = 64,7$

$$S = 0,237$$
$$R = 0,400$$

$$E_B = 59,1\%$$

L entspricht Lieferung
F entspricht Forderung

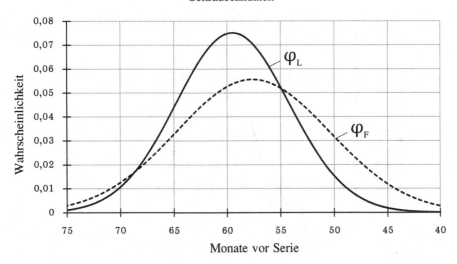

Schraubfalldaten

Erwartungswert	$\mu_L = 59,5$
	$\mu_F = 57,6$
Standardabweichung	$\sigma_L = 5,32$
	$\sigma_F = 7,17$

$$\varphi_{L/F}(z) = \frac{1}{\sqrt{2\pi}\sigma_{L/F}}\, e^{-\frac{1}{2}(\frac{x-\mu_{L/F}}{\sigma_{L/F}})^2}$$

| Schnittpunkt z1 bei | $z = 54,9$ |
| Schnittpunkt z2 bei | $z = 68,6$ |

$S = 0,239$

$R = 0,417$

L entspricht Lieferung
F entspricht Forderung

$E_B = 57,3\%$

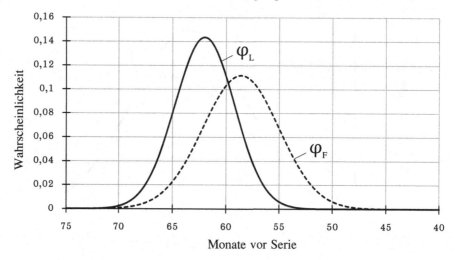
Statische Montagelagen

Erwartungswert $\mu_L = 62,0$
$\mu_F = 58,6$

Standardabweichung $\sigma_L = 2,78$
$\sigma_F = 3,58$

$$\varphi_{L/F}(z) = \frac{1}{\sqrt{2\pi}\sigma_{L/F}}\, e^{-\frac{1}{2}\left(\frac{x-\mu_{L/F}}{\sigma_{L/F}}\right)^2}$$

Schnittpunkt z1 bei $\quad z = 59,8$
Schnittpunkt z2 bei $\quad z = 74,6$

$S = 0,220$
$R = 0,637$

L entspricht Lieferung
$E_B = 34,6\%$ $\qquad$ F entspricht Forderung

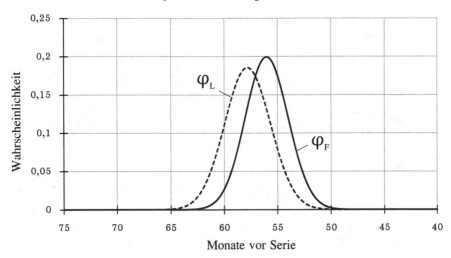

Dynamische Montageabläufe

Erwartungswert $\quad\quad\quad \mu_L = 57{,}8$

$\quad\quad\quad\quad\quad\quad\quad \mu_F = 56{,}0$

Standardabweichung $\quad \sigma_L = 2{,}15$

$\quad\quad\quad\quad\quad\quad\quad \sigma_F = 2{,}00$

$$\varphi_{L/F}(z) = \frac{1}{\sqrt{2\pi}\,\sigma_{L/F}}\, e^{-\frac{1}{2}\left(\frac{x-\mu_{L/F}}{\sigma_{L/F}}\right)^2}$$

Schnittpunkt z1 bei $\quad\quad$ z = 31,8

Schnittpunkt z2 bei $\quad\quad$ z = 57,0

$\quad\quad\quad\quad\quad\quad\quad$ S = 0,300

$\quad\quad\quad\quad\quad\quad\quad$ R = 0,636

L entspricht Lieferung

$\quad\quad\quad\quad\quad\quad\quad$ $E_B = 47{,}1\%$ $\quad\quad\quad\quad\quad$ F entspricht Forderung

Toleranzen aus Komponente

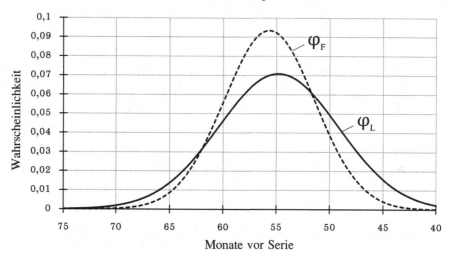

Erwartungswert	$\mu_L = 54,8$
	$\mu_F = 55,7$
Standardabweichung	$\sigma_L = 5,63$
	$\sigma_F = 4,27$

$$\varphi_{L/F}(z) = \frac{1}{\sqrt{2\pi}\,\sigma_{L/F}}\,e^{-\frac{1}{2}\left(\frac{x-\mu_{L/F}}{\sigma_{L/F}}\right)^2}$$

| Schnittpunkt z1 bei | $z = 51,7$ |
| Schnittpunkt z2 bei | $z = 62,0$ |

$$S = 0,250$$
$$R = 0,396$$

L entspricht Lieferung
F entspricht Forderung

$$E_B = 63,2\%$$

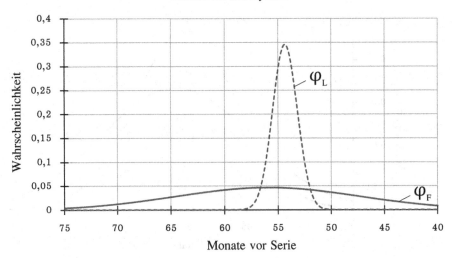

Toleranzen aus System

Erwartungswert	$\mu_L = 54{,}3$
	$\mu_F = 56{,}0$
Standardabweichung	$\sigma_L = 1{,}15$
	$\sigma_F = 8{,}60$

$$\varphi_{L/F}(z) = \frac{1}{\sqrt{2\pi}\,\sigma_{L/F}}\, e^{-\frac{1}{2}(\frac{x-\mu_{L/F}}{\sigma_{L/F}})^2}$$

| Schnittpunkt z1 bei | $z = 52{,}0$ |
| Schnittpunkt z2 bei | $z = 56{,}6$ |

$S = 0{,}042$

$R = 0{,}789$

L entspricht Lieferung
F entspricht Forderung

$E_B = 5{,}3\%$

Varianten

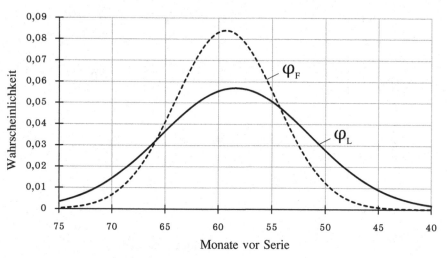

Erwartungswert	$\mu_L = 58,4$
	$\mu_F = 59,3$
Standardabweichung	$\sigma_L = 7,00$
	$\sigma_F = 4,75$

$$\varphi_{L/F}(z) = \frac{1}{\sqrt{2\pi}\sigma_{L/F}} e^{-\frac{1}{2}(\frac{x-\mu_{L/F}}{\sigma_{L/F}})^2}$$

| Schnittpunkt z1 bei | $z = 54,3$ |
| Schnittpunkt z2 bei | $z = 65,9$ |

$$S = 0,227$$
$$R = 0,420$$

$$E_B = 54,1\%$$

L entspricht Lieferung
F entspricht Forderung

192

Kräfte aus Komponente

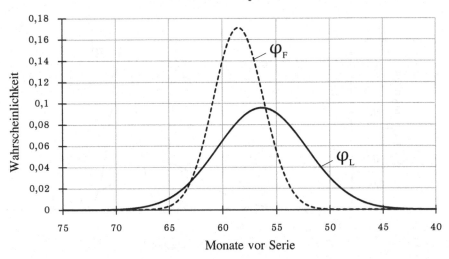

Erwartungswert	$\mu_L = 56{,}3$
	$\mu_F = 58{,}5$
Standardabweichung	$\sigma_L = 4{,}16$
	$\sigma_F = 2{,}33$

$$\varphi_{L/F}(z) = \frac{1}{\sqrt{2\pi}\,\sigma_{L/F}}\, e^{-\frac{1}{2}\left(\frac{x-\mu_{L/F}}{\sigma_{L/F}}\right)^2}$$

Schnittpunkt z1 bei $z = 56{,}0$
Schnittpunkt z2 bei $z = 63{,}0$

$S = 0{,}165$
$R = 0{,}519$

L entspricht Lieferung
F entspricht Forderung

$E_B = 31{,}8\%$

193

Kräfte aus Werkzeug

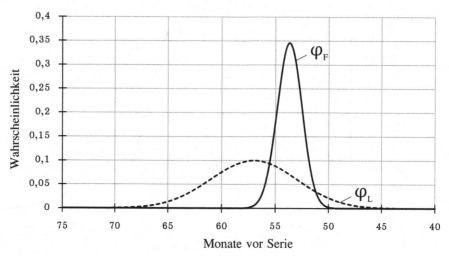

Erwartungswert	$\mu_L = 57{,}0$
	$\mu_F = 53{,}7$
Standardabweichung	$\sigma_L = 4{,}00$
	$\sigma_F = 1{,}15$

$$\varphi_{L/F}(z) = \frac{1}{\sqrt{2\pi}\,\sigma_{L/F}}\, e^{-\frac{1}{2}\left(\frac{x-\mu_{L/F}}{\sigma_{L/F}}\right)^2}$$

| Schnittpunkt z1 bei | $z = 51{,}2$ |
| Schnittpunkt z2 bei | $z = 55{,}5$ |

$$S = 0{,}066$$
$$R = 0{,}713$$

L entspricht Lieferung
F entspricht Forderung

$$E_B = 9{,}3\%$$

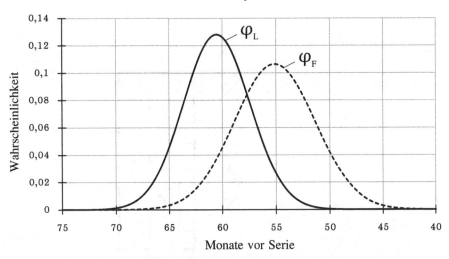

Kräfte aus System

Erwartungswert	$\mu_L = 60{,}5$
	$\mu_F = 55{,}1$
Standardabweichung	$\sigma_L = 3{,}12$
	$\sigma_F = 3{,}75$

$$\varphi_{L/F}(z) = \frac{1}{\sqrt{2\pi}\,\sigma_{L/F}}\, e^{-\frac{1}{2}(\frac{x-\mu_{L/F}}{\sigma_{L/F}})^2}$$

Schnittpunkt z1 bei	$z = 57{,}7$
Schnittpunkt z2 bei	$z = 87{,}6$

$S = 0{,}178$

$R = 0{,}751$

L entspricht Lieferung

F entspricht Forderung

$E_B = 23{,}7\%$

Anlage 2

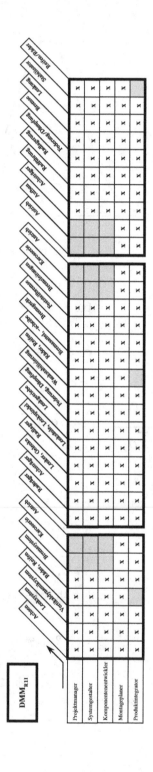

Literaturverzeichnis

[1] Albers, A. und Nowicki, L. »Integration der Simulation in die Produktentwicklung - Neue Möglichkeiten zur Steigerung der Qualität und Effizienz in der Produktentwicklung«. In: *Symposium „Simulation in der Produkt- und Prozessentwicklung"* (2003).

[2] Almefelt, L. u. a. »Requirements management in practice: Findings from an empirical study in the automotive industry«. In: *Research in Engineering Design* 17.3 (2006), S. 113–134.

[3] April, A. und Coallier, F. »Trillium: a model for the assessment of telecom software system development and maintenance capability«. In: *Proceedings of Software Engineering Standards Symposium*. IEEE Comput. Soc. Press, 21-25 Aug. 1995, S. 175–183.

[4] Autobild. *Opel will sich lösen.* 2009. URL: https://www.autobild.de/artikel/trennung-von-gm-rueckt-naeher-856183.html.

[5] Barthelmeß, P. *Montagegerechtes Konstruieren durch die Integration von Produkt- und Montageprozeßgestaltung.* Bd. 9. iwb Forschungsberichte, Berichte aus dem Institut für Werkzeugmaschinen und Betriebswissenschaften der Technischen Universität München. Berlin und Heidelberg: Springer, 1987.

[6] Beckmann, H. *Prozessorientiertes Supply Chain Engineering: Strategien, Konzepte und Methoden zur modellbasierten Gestaltung.* Wiesbaden: Springer, 2012.

[7] Biggs, N. E., Lloyd, K. und Wilson, R. J. »Graph Theory 1736-1936«. In: *Oxford University Press* (1999).

[8] Blessing, L. T. M. und Chakrabarti, A. *DRM, a Design Research Methodology.* London u.a.: Springer, 2009.

[9] BMW Group. *BMW X5 auf einen Blick.* 2018. URL: https://www.bmw.de/de/neufahrzeuge/x/x5/2018/bmw-x5-auf-einen-blick.html.

[10] Boardman, J. und Sauser, B. *Systems thinking: Coping with 21st century problems.* Industrial innovation series. Boca Raton, FL: CRC Press, 2008.

© Springer Fachmedien Wiesbaden GmbH, ein Teil von Springer Nature 2019
B. Leistner, *Fahrwerkentwicklung und produktionstechnische Integration ab der frühen Produktentstehungsphase*, Wissenschaftliche Reihe Fahrzeugsystemdesign,
https://doi.org/10.1007/978-3-658-26867-1

[11]   Bossmann, M. »Feature-basierte Produkt- und Prozessmodelle in der integrierten Produktentstehung«. Dissertation. Saarbrücken: Universität des Saarlandes, 2007.

[12]   Böttrich, M. »Entwicklung von Produktfamilien in den frühen Phasen des Produktentstehungsprozesses: Methode zur effizienten Konfigurierung, Konstruktion und Analyse«. Dissertation. Dresden: Technische Universität Dresden, 2014.

[13]   Braess, H.-H. und Seiffert, U., Hrsg. *Vieweg Handbuch Kraftfahrzeugtechnik*. 7., aktualisierte Auflage. ATZ / MTZ-Fachbuch. Wiesbaden: Springer Vieweg, 2013.

[14]   Brüggemann, H. und Bremer, P. *Grundlagen Qualitätsmanagement: Von den Werkzeugen über Methoden zum TQM*. 2., überarb. und erw. Aufl. Lehrbuch. Wiesbaden: Springer Vieweg, 2015.

[15]   Bullinger, H. J., Richter, M. und Seidel, K.-.-.-A. »Virtual assembly planning«. In: *Human Factors and Ergonomics in Manufacturing* 10.3 (2000), S. 331–341.

[16]   Bullinger, H.-J., Scheer, A.-W. und Schneider, K., Hrsg. *Service Engineering: Entwicklung und Gestaltung innovativer Dienstleistungen : mit 24 Tabellen*. 2., vollst. überarb. und erw. Aufl. Berlin, Heidelberg: Springer Berlin Heidelberg, 2006.

[17]   Bullinger, H.-J., Warnecke, H. J. und Westkämper, E., Hrsg. *Neue Organisationsformen im Unternehmen: Ein Handbuch für das moderne Management*. 2., neu bearbeitete und erweiterte Auflage. Energietechnik. Berlin, Heidelberg: Springer Berlin Heidelberg, 2003.

[18]   Bullinger, H.-J. u. a. *Integrierte Produktentwicklung: Zehn erfolgreiche Praxisbeispiele*. Wiesbaden: Gabler Verlag, 1995.

[19]   Burr, H. *Informationsmanagement an der Schnittstelle zwischen Entwicklung und Produktionsplanung im Karosserierohbau: Zugl.: Saarbrücken, Univ., Diss., 2008*. Bd. 44. Schriftenreihe Produktionstechnik. Saarbrücken: LKT Lehrstuhl für Konstruktionstechnik/CAD Univ. des Saarlandes, 2008.

[20]   Checkland, P. *Systems thinking, systems practice*. 1993.

[21]   Chen, S.-J. und Lin, L. »Decomposition of interdependent task group for concurrent engineering«. In: *Computers & Industrial Engineering* 44.3 (2003), S. 435–459.

[22]   Cooke-Davies, T. J. und Arzymanow, A. »The maturity of project management in different industries«. In: *International Journal of Project Management* 21.6 (2003), S. 471–478.

[23] Cooper, R. G. »Perspective third-generation new product processes«. In: *Journal of Product Innovation Management* 11.1 (1994), S. 3–14.

[24] Cooper, R. G. »Stage-gate systems: A new tool for managing new products«. In: *Business Horizons* 33.3 (1990), S. 44–54.

[25] Creswell, J. W. *The Mixed Methods Reader: An Expanded Typology for Classifying Mixed Methods Research Into Designs*. 2007.

[26] Danilovic, M. und Börjesson, H. *Participatory dependence structure matrix approach*. Boston, 2001.

[27] Dekkers, R., Chang, C. M. und Kreutzfeldt, J. »The interface between "product design and engineering" and manufacturing: A review of the literature and empirical evidence«. In: 144.1 (2013), S. 316–333.

[28] Deubzer, F. R. »A Method for Product Architecture Management: In Early Phases of Product Development«. Dissertation. München: Technische Universität München, 2015.

[29] Diez, W. *Wohin steuert die deutsche Automobilindustrie?* 2., überarbeitete und aktualisierte Auflage. 2018.

[30] DIN 69900 - 1. *Projektwirtschaft - Netzplantechnik - Begriffe*. 1987.

[31] Domschke, W. und Drexl, A. *Einführung in Operations-Research: Mit 62 Tabellen*. 5., überarb. und erw. Aufl. Springer-Lehrbuch. Berlin u.a.: Springer, 2002.

[32] Ebel, B. »Modellierung von Zielsystemen in der interdisziplinären Produktentstehung«. Dissertation. Karlsruhe: Karlsruhe Institut für Technologien, 2015.

[33] Ehret, M. und Kleinaltenkamp, M. *Prozeßmanagement im Technischen Vertrieb: Neue Konzepte und erprobte Beispiele für das Business-to-Business Marketing*. VDI-Buch. Berlin, Heidelberg: Springer Berlin Heidelberg, 1998.

[34] Ehrlenspiel, K. und Meerkamm, H. *Integrierte Produktentwicklung: Denkabläufe, Methodeneinsatz, Zusammenarbeit*. 5., überarb. und erweiterte Aufl. München und Wien: Hanser, 2013.

[35] Ehrlenspiel, K. u. a. *Kostengünstig Entwickeln und Konstruieren: Kostenmanagement bei der integrierten Produktentwicklung*. 6., überarbeitete und korrigierte Auflage. VDI-Buch. Berlin, Heidelberg: Springer-Verlag Berlin Heidelberg, 2007.

[36] Eigner, M., Roubanov, D. und Zafirov, R. *Modellbasierte virtuelle Produktentwicklung*. Berlin: Springer Vieweg, 2014.

[37] Eppinger, S. D. u. a. »A Model-Based Method for Organizing Tasks in Product Development«. In: *Research in Engineering Design - Massachusetts Institute of Technology* (1994).

[38] Eversheim, W., Hrsg. *Integrierte Produkt- und Prozessgestaltung*. Berlin u.a.: Springer, 2005.

[39] Feldmann, C. *Eine Methode für die integrierte rechnergestützte Montageplanung*. Bd. 104. Forschungsberichte iwb, Berichte aus dem Institut für Werkzeugmaschinen und Betriebswissenschaften der Technischen Universität München. Berlin und Heidelberg: Springer, 1997.

[40] Fernandes, J. M. und Machado, R. J. *Requirements in Engineering Projects*. Lecture Notes in Management and Industrial Engineering. Cham: Springer International Publishing, Imprint und Springer, 2016.

[41] Freund, G. »Entwicklung eines methodischen Vorgehens zur Einführung von Digital Mock-Up-Techniken in den Produktentwicklungsprozess der Automobilindustrie«. Dissertation. Freiberg: Technische Universität Bergakademie Freiberg, 24.06.2004.

[42] Friedrich, S. »Einsatzmöglichkeiten einer Design-Structure-Matrix im Rahmen des Strategischen Projektmanagements«. Dissertation. Berlin: Technische Universität Berlin, 2008.

[43] Furuhjelm, J., Segertofp, J. und Sutherland, J. J. »Owning the Sky with Agile: Building a Jet Fighter Faster, Cheaper, Better with Scrum«. In: *Global Scrum Gathering* (2017).

[44] Gaul, H.-D. »Verteilte Produktentwicklung - Perspektiven und Modell zur Optimierung«. Dissertation. München: Technische Universität München, 6.08.2001.

[45] Göpfert, I., Hrsg. *LOGISTIK DER ZUKUNFT - LOGISTICS FOR THE FUTURE*. Wiesbaden: GABLER, 2018.

[46] Göpfert, J. *Modulare Produktentwicklung: Zur gemeinsamen Gestaltung von Technik und Organisation*. Gabler Edition Wissenschaft, Markt- und Unternehmensentwicklung. Wiesbaden und s.l.: Deutscher Universitätsverlag, 1998.

[47] Grant, K. P. und Pennypacker, J. S. »Project management maturity: an assessment of project management capabilities among and between selected industries«. In: *IEEE Transactions on Engineering Management* 53.1 (2006), S. 59–68.

[48]   Halfmann, N., Krause, D. und van Houten, F. *Montagegerechtes Produktstruktu-rieren im Kontext einer Lebensphasenmodularisierung: Zugl.: Hamburg-Harburg, Techn. Univ., Institut für Produktentwicklung und Konstruktionstechnik, Diss., 2014*. 1. Aufl. Bd. 8. Hamburger Schriftenreihe Produktentwicklung und Konstruktionstechnik. Hamburg: TuTech Verl., 2015.

[49]   Heißing, B., Ersoy, M. und Gies, S. *Fahrwerkhandbuch: Grundlagen · Fahrdynamik · Komponenten · Systeme · Mechatronik · Perspektiven*. 4., überarb. u. erg. Aufl. 2013. ATZ / MTZ-Fachbuch. Wiesbaden und s.l.: Springer Fachmedien Wiesbaden, 2013.

[50]   Herrmann, C. *Ganzheitliches Life Cycle Management*. Berlin, Heidelberg: Springer Berlin Heidelberg, 2010.

[51]   Hirz, M., Dietrich, W. und Gfrerrer, A. *Integrated Computer-Aided Design in Automotive Development: Development Processes, Geometric Fundamentals, Methods of CAD, Knowledge-Based Engineering Data Management*. Berlin Heidelberg: Springer Berlin Heidelberg, 2013.

[52]   Hofheinz, N. u. a. »Methodik zur integrierten virtuellen Auslegung und Absiche-rung flexibler Bauteile«. Dissertation. Fraunhofer-Institut für Produktionsanlagen und Konstruktionstechnik und Fraunhofer IRB-Verlag, 2017.

[53]   Holt, J. und Perry, S. *SysML for Systems Engineering*. Stevenage, 2008.

[54]   Hubka, V. und Eder, W. E. *Design science: Introduction to the needs, scope and organization of engineering design*. London u. a.: Springer, 1996.

[55]   Institut für wissenschaftliche Veröffentlichungen, Hrsg. *Excellence in Production: im Blickpunkt*. Aachen: Alpha Informationsgesellschaft mgH, 2007.

[56]   Jochem, R., Geers, D. und Heinze, P. »Maturity measurement of knowledge–intensive business processes«. In: *The TQM Journal* 23.4 (2011), S. 377–387.

[57]   Johnson, R. B., Onwuegbuzie, A. J. und Turner, L. A. »Toward a Definition of Mixed Methods Research«. In: *Journal of Mixed Methods Research* 1.2 (2007), S. 112–133.

[58]   Jonas, C. und Reinhart, G., Hrsg. *Konzept einer durchgängigen, rechnergestützten Planung von Montageanlagen: Zugl.: München, Techn. Univ., Diss., 2000*. Bd. Bd. 145. Forschungsberichte / IWB. München: Utz, 2000.

[59]   Karger, D. W. und Bayha, F. H. *Engineered work measurement: The principles, techniques, and data of methods-time measurement, background and foundations of work measurement and methods-time measurement, plus other related material*. 4. ed., 1 print. New York: Industrial Press, 1987.

[60] Kerbosch, J. A. und Schell, H. J. *Network planning by the extended Metra Potential Method*. Einhoven: University of Technology Einhoven, 1975.

[61] Kestel, R. *Variantenvielfalt und Logistiksysteme: Ursachen — Auswirkungen — Lösungen*. Gabler Edition Wissenschaft. 1995.

[62] Kiefer, J., Bär, T. und Bley, H. »Machatronic-oriented Engineering of Manufacturing Systems - Taking the Example of the Body Shop«. In: (2006).

[63] Kleinschmidt, E. J., Geschka, H. und Cooper, R. G. *Erfolgsfaktor Markt: Kundenorientierte Produktinnovation*. Innovations- und Technologiemanagement. Berlin und Heidelberg: Springer, 1996.

[64] Klug, F. *Logistikmanagement in der Automobilindustrie: Grundlagen der Logistik im Automobilbau*. VDI-Buch. Berlin: Springer, 2010.

[65] Kokot, S. *Geometrische Integration von Fahrwerksbauteilen in der Automobilentwicklung: Zugl.: Freiberg, TU Bergakademie, Diss., 2015*. Bd. 788. Berichte aus dem Institut für Maschinenelemente, Konstruktion und Fertigung der Technischen Universität Bergakademie Freiberg. Düsseldorf: VDI-Verl., 2015.

[66] Koller, R. *Konstruktionslehre für den Maschinenbau*. Springer Berlin Heidelberg, 1994.

[67] Kossiakoff, A. und Sweet, W. N. *Systems Engineering: Principles and Practice*. 2003.

[68] Krieger, E. u. a. »Der virtuelle Auslegungsprozess des Grundmotors bei BMW«. In: *MTZ - Motortechnische Zeitschrift* 61.12 (2000), S. 842–853.

[69] Kuckartz, U. *Mixed Methods: Methodologie, Forschungsdesigns und Analyseverfahren*. Wiesbaden: Springer Fachmedien Wiesbaden, 2014.

[70] Larman, C. und Basili, V. R. »Iterative and incremental developments. a brief history«. In: *Computer* 36.6 (2003), S. 47–56.

[71] Leistner, B., Mayer, R. und Berkan, D. »Process design for a companywide geometrical integration of manufacturing issues in the early development phases based on the example of automotive suspension.« In: *8th International Munich Chassis Symposium 2017*. Hrsg. von P. E. Pfeffer. Proceedings. 2017.

[72] Leistner, B., Mayer, R. und Berkan, D. »Produktentwicklungsprozess für das Fahrwerk ab der frühen Phase unter Produktionsbelangen.« In: *ATZ - Automobiltechnische Zeitschrift* 121.1 (2019), S. 78–83.

[73] Lindemann, U., Hrsg. *Individualisierte Produkte: Komplexität beherrschen in Entwicklung und Produktion*. VDI. Berlin u.a.: Springer, 2006.

[74] Lindemann, U., Maurer, M. und Braun, T. *Structural complexity management: An approach for the field of product design*. Berlin und Heidelberg: Springer, 2009.

[75] Manske, F., Mickler, O. und Wolf, H. »Computerunterstütztes Konstruieren und Planen in Maschinenbaubetrieben«. In: *KfK-PFT-Bericht* 158 (1990).

[76] Matschinsky, W. *Radführungen der Straßenfahrzeuge: Kinematik, Elasto-Kinematik und Konstruktion*. 3., aktualisierte und erw. Aufl. Berlin u.a.: Springer, 2007.

[77] Maurer, M. S. *Structural awareness in complex product design: Zugl.: München, Techn. Univ., Diss, 2007*. 1. Aufl. Produktentwicklung. München: Verl. Dr. Hut, 2007.

[78] Meywerk, M. *CAE-Methoden in der Fahrzeugtechnik*. 2007.

[79] Mikchevitch, A., Léon, J.-C. und Gouskov, A. »Impact of Virtual Reality Simulation Tools on DFA Product Development Process«. In: *INTERNATIONAL CONFERENCE ON ENGINNERING DESING, ICED 05 MELBOURNE* (2005).

[80] Newman, M. E. J. »The Structure an Function of Complex Networks«. In: *SIAM Review 45* 2 (2003), S. 167–256.

[81] Nohe, P. *Methode zur ergebnisorientierten Gestaltung von Entwicklungsprozessen*. Bd. 290. IPA-IAO - Forschung und Praxis, Berichte aus dem Fraunhofer-Institut für Produktionstechnik und Automatisierung (IPA), Stuttgart, Fraunhofer-Institut für Arbeitswirtschaft und Organisation (IAO), Stuttgart, Institut für Industrielle Fertigung und Fabrikbetrieb der Universität Stuttgart. Berlin und Heidelberg: Springer und Springer Berlin Heidelberg, 1999.

[82] Nordsieck, F. *Rationalisierung der Betriebsorganisation*. 1955.

[83] Ponn, J. und Lindemann, U. *Konzeptentwicklung und Gestaltung technischer Produkte: Systematisch von Anforderungen zu Konzepten und Gestaltlösungen*. 2. Aufl. VDI-Buch. Berlin Heidelberg: Springer-Verlag Berlin Heidelberg, 2011.

[84] Proff, H. und Fojcik, T. M., Hrsg. *Nationale und internationale Trends in der Mobilität: Technische und betriebswirtschaftliche Aspekte*. Wiesbaden: Springer Gabler, 2016.

[85] PROSTEP, Hrsg. *Der globale, virtuelle Produktentstehungsprozess. Standards, Technologien und Anwendungsszenarien*. Darmstadt, 2000.

[86] Pulm, U. »Eine systemtheoretische Betrachtung der Produktentwicklung«. Dissertation. München: Technische Universität München, 2004.

[87] Rapp, T. *Produktstrukturierung: Diss. Nr. 2256 Wirtschaftswiss. St. Gallen.* 1999.

[88] Renner, I. *Methodische Unterstützung funktionsorientierter Baukastenentwicklung am Beispiel Automobil.* 1. Aufl. Produktentwicklung. München: Hut, 2007.

[89] Resch, J. und Bär, T. »Dokumentation und geometrische Absicherung von Verbindungen im Automobil-Produktentstehungsprozess«. In: (2008).

[90] Roth, A. *Einführung und Umsetzung von Industrie 4.0.* Berlin, Heidelberg: Springer Berlin Heidelberg, 2016.

[91] Rudolf, H. »Wissensbasierte Montageplanung in der Digitalen Fabrik am Beispiel der Automobilindustrie«. Dissertation. München: Technische Universität München, 14.12.2006.

[92] SAR Automation. *Aggregateeienbau - neues vollautomatisches Montagesystem.* 2017. URL: https://www.sar.biz/news/2017_Aggregateeinbau_BMW.asp.

[93] Schuh, G. *Lean Innovation.* VDI-Buch. Berlin, Heidelberg und s.l.: Springer Berlin Heidelberg, 2013.

[94] Schulz, M. *Logistikintegrierte Produktentwicklung.* Wiesbaden: Springer Fachmedien Wiesbaden, 2014.

[95] Schwaber, K. und Sutherland, J. »The Scrum Guide: Der gültige Leitfaden für Scrum: Die Spielregeln«. In: *scrumguides.org* (2017).

[96] Seiffert, U. und Rainer, G. *Virtuelle Produktentstehung für Fahrzeug und Antrieb im Kfz: Prozesse, Komponenten, Beispiele aus der Praxis.* Wiesbaden: Vieweg + Teubner Verlag / GWV Fachverlage GmbH Wiesbaden, 2008.

[97] Simon, H. A. »The architecture of complexity«. In: *Proceedings of the American Philosophical Society* 106 (1962), S. 467–482.

[98] Springer Gabler Verlag, Hrsg. *Gabler Wirtschaftslexikon.* 18. Aufl. Springer Gabler Verlag, 2014.

[99] Stark, R., Wilmer, C. und Kochar, N. »Product Information Management (PIM) and Digital Buck - Key Enablers for Accelerated Product Development at Ford: Informationsverarbeitung in der Konstruktion '99 - Beschleunigung der Produktentwicklung durch EDM/PDM- und Feature-Technologie: Tagung München 19. und 20. Oktober 1999«. In: *VDI-Berichte* (1999), S. 133–152.

[100] Steinwasser, P. *Modulares Informationsmanagement in der integrierten Produkt- und Prozeßplanung: Zugl.: Erlangen, Nürnberg, Univ., Diss., 1996.* Bd. 63. Fertigungstechnik - Erlangen. Bamberg: Meisenbach, 1996.

[101] Storbjerg, S. H., Brunoe, T. D. und Nielsen, K. »Towards an engineering change management maturity grid«. In: *Journal of Engineering Design* 27.4-6 (2016), S. 361–389.

[102] Sutherland, J. und Schwaber, K. »The Scrum Papers: Nuts, Bolts, and Origins of an Agile Process«. In: (2007).

[103] Vahrenkamp, R. *Produktionsmanagement*. 6., überarb. Aufl. München: Oldenbourg, 2008.

[104] Verein Deutscher Ingenieure. *VDI-Richtlinie 2225: Technisch-wirtschaftliche Bewertung*. 1998.

[105] AP-Verlag, Hrsg. *Diese drei Trends verändern die Automobilindustrie*. 21. Januar 2017. URL: http://ap-verlag.de/diese-drei-trends-veraendern-die-automobilindustrie/30286/.

[106] Vester, F. »Ausfahrt Zukunft: Material zur Systemuntersuchung«. Dissertation. München: Technische Universität München, 1991.

[107] Wack, K.-J., Bär, T. und Straßburger, S. »Grenzen einer digitalen Absicherung des Produktionsanlaufs«. In: *KIT Scientific Publishing 2010* (2010).

[108] Walla, W. u. a. »IMPACT OF MODULARISED PRODUCTION ON PRODUCT DESIGN IN AUTOMOTIVE INDUSTRY«. In: (2011).

[109] Weber, J. *Automotive Development Processes*. Berlin, Heidelberg: Springer Berlin Heidelberg, 2009.

[110] Weller, R. u. a. »Virtueller Powertrain-Entwicklungsprozess bei Mercedes-Benz«. In: *16. Aachener Kolloquium Fahrzeug- und Motorentechnik* (2007), S. 1451–1474.

[111] Wenzel, S. »Modellbasierte Dekomposition und Integration zur Entwicklung soziotechnischer Systeme«. Dissertation. München: Technische Universität München, 2002.

[112] Westkämper, E. und Decker, M. *Einführung in die Organisation der Produktion*. Springer-Lehrbuch. Berlin, Heidelberg: Springer-Verlag Berlin Heidelberg, 2006.

[113] Yassine, A. u. a. »Connectivity maps: Modeling and analysing relationships in product development processes«. In: *Journal of Engineering Design* 14.3 (2003), S. 377–394.

[114] Zagel, M. *Übergreifendes Konzept zur Strukturierung variantenreicher Produkte und Vorgehensweise zur iterativen Produktstruktur-Optimierung: Zugl.: Kaiserslautern, Techn. Univ., Diss., 2006*. Bd. 1. Schriftenreihe VPE. Kaiserslautern: Techn. Univ, 2006.

[115]   Zenner, C. »Durchgängiges Variantenmanagement in der Technischen Produkti-
        onsplanung«. Dissertation. Saarbrücken: Universität des Saarlandes, 2006.

[116]   Zimmermann, J., Stark, C. und Rieck, J. *Projektplanung: Modelle, Methoden,
        Management ; mit 80 Tabellen*. Springer-Lehrbuch. Berlin u.a.: Springer, 2006.

[117]   Zimmermann, W. und Stache, U. *Operations Research: Quantitative Methoden
        zur Entscheidungsvorbereitung*. 10., überarb. Aufl. München und Wien:
        Oldenbourg, 2001.

Printed in the United States
By Bookmasters